普通高等院校“十四五”精品教材
全国应用型本科高等教育特色教材
陕西省高等学校一流课程配套教材

电机与拖动基础实验指导教程

主　编 ◎ 任小文
副主编 ◎ 张治国　王拓辉　任浩楠　李文龙
　　　　　刘颖璐　潘银萍　郝宗敏

西南交通大学出版社
·成　都·

图书在版编目（CIP）数据

电机与拖动基础实验指导教程 / 任小文主编. —成都：西南交通大学出版社，2022.9
ISBN 978-7-5643-8776-1

Ⅰ. ①电… Ⅱ. ①任… Ⅲ. ①电机－试验－高等学校－教学参考资料②电力传动－实验－高等学校－教学参考资料 Ⅳ. ①TM306②TM921-33

中国版本图书馆 CIP 数据核字（2022）第 122432 号

Dianji yu Tuodong Jichu Shiyan Zhidao Jiaocheng
电机与拖动基础实验指导教程

主　编 / 任小文
责任编辑 / 刘　昕
封面设计 / GT 工作室

西南交通大学出版社出版发行
（四川省成都市金牛区二环路北一段 111 号西南交通大学创新大厦 21 楼　610031）
发行部电话：028-87600564　028-87600533
网址：http://www.xnjdcbs.com
印刷：四川森林印务有限责任公司

成品尺寸　185 mm × 260 mm
印张　13.25　　字数　331 千
版次　2022 年 9 月第 1 版　　印次　2022 年 9 月第 1 次

书号　ISBN 978-7-5643-8776-1
定价　48.00 元

课件咨询电话：028-81435775
图书如有印装质量问题　本社负责退换

前言
PREFACE

本实验指导教程是为了适应现代高等教育的改革和发展，根据应用型本科高等教育教学要求而编写的。编写过程紧密把握“电机与拖动基础”“电机学”“电机与控制”等课程的实验特征和知识掌握需求，结合电气领域的职业技能要求和操作工艺，并充分考虑电机与拖动实验装置、交流调速实验装置、电力电子技术实验装置、电力系统自动化装置、电工基础实验装置等实验设备的应用条件，重点突出了理论指导实践、实践提升理论分析能力、实践操作与工艺规范紧密结合的原则。

本实验指导教程的使用，主要是为了达到以下目的。

（1）掌握电工仪表与工具的基本使用方法；熟悉实验流程和操作工艺；掌握变压器、互感器、异步电动机、直流电动机、同步电机和微特电机的工作原理、结构特点、机械特性、工作特性、电磁能量以及工程应用；掌握交、直流电动机与微特电动机的起动、调速、换向、制动等工作原理和电机的继电器-接触器控制、PLC控制的实验方法及工程应用；掌握中低压控制设备的结构、工作原理、参数选用以及典型生产机械的控制线路分析方法；培养学生对一般变压器、电动机、常用低压电器、继电器-接触器控制电路的维护、故障排除和数据分析、综合应用能力。

（2）开放实验室，丰富学生第二课堂。学生可以通过自选实验项目，借助电机与拖动实验装置、电工基础实验装置、电力电子技术实验装置等实验条件，完成相关的技能训练。本实验指导教程能为开展大学生创新创业项目训练，组织各类学科、技能竞赛以及毕业设计，提供专业技术指导。

本实验指导教程适应于轨道交通信号与控制、轨道交通电气与控制、电气工程及其自动化、车辆工程、自动化等本科专业和铁道供电技术、电气自动化技术、机电一体化技术等部分高职专业，也可作为职业技能培训教材。

为了培养应用型人才必须具备的分析实际问题和解决工程问题的能力，本实验指导教程在编写过程中，具有以下特点：

（1）本着理论够用、强化实践动手能力的实用原则，简化了理论推导，注重定性阐述和定量分析有机结合。

（2）以普通电机、变压器、互感器、特种电机等控制实验、拖动实验以及性能测试、数据分析为核心，突出培养学生的分析问题能力、解决问题能力和电磁感应设备的综合应用能力，既节省了学时，又提高了知识传授的效率。

（3）将实验过程与操作规范相结合、将操作方法与安全规程相融合，实现实验教学与生产现场紧密结合的目的。“学中做，做中学”，提高了应用型人才、技术技能型人才的培养质量。

（4）将校内实验与工业新技术应用紧密结合，开发大学生的创新创业能力并丰富了学生的第二课堂。

（5）将“电机学”“电机与控制”“电机与拖动”课程模块作为实验项目，与课程内容密切配合，既是教师课内实验的指导书，又是学生自主实验的指导教材。

《电机与拖动基础实验指导教程》由西安交通工程学院高级工程师任小文担任主编，编制教材大纲、实验安全要求与识图技能、变压器实验、异步电动机基础实验、同步电机实验章节，并对书稿进行统稿、审核。张治国、王拓辉、任浩楠、李文龙、刘颖璐等担任副主编，编制电机拖动系统特性实验、控制电机实验、电机调速系统实验章节，并负责教材文字审核、电气图纸审核与处理。

本实验指导教程是在实施应用型特色人才培养工程的背景下编写的，在一年多的编写过程中，得到了兰州交通大学石广田教授，西安科技大学高赟、蔡文皓教授，西安交通工程学院贾亚娟教授以及航天亮丽电气有限责任公司任浩楠工程师等同志的鼎力支持。编者在此一并表示衷心的感谢!

由于编者水平和经验有限，书中难免出现不足之处，敬请广大读者批评指正。

编　者

2022 年 4 月

目 录

CONTENTS

第一章　实验基本安全要求与电气符号识读

第二章　变压器实验

第三章　异步电动机基础实验

第四章　直流电机实验

第五章　直流发电机实验

第六章　同步电机实验

第七章　电机拖动系统特性实验

第八章　控制电机实验

第九章　电机调速系统实验

第一章 实验基本安全要求与电气符号识读

第一节　电机与拖动实验实训的基本要求和安全操作规程

一、实验实训的基本要求

开展电机与拖动基础实验实训教学活动，核心目标就是为了提高学生对电动机、变压器以及特种电动机的使用、性能测试、故障排查、分析总结等综合应用能力。实验实训可使学生掌握基本的电气实验实训方法与操作技能，学生学会根据实验实习目的、实验实训内容及实验实训设备拟定实习线路，选择所需仪表和电路器件，确定实验实训步骤，测取所需数据，进行分析研究，得出必要结论，从而完成实验实训报告。在整个实践过程中，我们必须集中精力，认真做好实验实训工作，进一步提高实践教学质量，实现应用型、技术技能型人才的培养目标。为保证电机与拖动基础的实验实训工作能够安全、有序、有效实施，根据实际，特提出下列基本要求。

（一）实验实训前的准备

实验实训前应复习教科书有关章节，认真研读实习指导书，了解实习目的、项目、方法与步骤，明确实习过程中应注意的问题（有些内容可到实验室对照实验设施，提前预习，比如熟悉设备功能、线路编号、操作方法及技术参数等），并按照实验项目，准备记录、抄表等。

实验实训前应写好预习报告，经指导教师检查、确认具备实验条件后，方可开始实验实训。

认真做好实验实训前的准备工作。这有利于培养学生的独立操作技能和分析应用能力，对提高实验实训质量和保护实验实训设备都是很重要的。

（二）实验实训的进行

1. 建立小组，合理分工

每次实验实训都以小组为单位进行，每组由 2 ~ 3 人组成，对实验实训过程中的接线、调节负载、工作电压或负载电流、记录数据等工作，每人应有明确的分工，以保证实验实训操作协调，数据记录准确可靠。

2. 选择器材和仪表

实验实训前，先熟悉该次实验实训所用的器件，记录电机铭牌和选择仪表量程，然后依次排列器件和仪表，方便测取数据。

3. 按图接线

根据实验实训线路图及所选器件、仪表，按图接线。线路力求简单明了。一般接线原则是先接串联主回路，再接并联支路。为了查找线路方便，每一支路可以选用相同颜色的导线或插头。

4. 起动电机，观察仪表

正式实验实训开始之前，先熟悉仪表刻度，并记下倍率，然后按操作规范，起动电机。观察所有仪表是否正常（如指针正、反方向，数值是否超过满量程等）。如果出现异常，应立即切断电源，并排除故障；如果一切正常，即可正式进行实验实训。

5. 测取数据

预习时，对电机与拖动的实验实训方法以及所测数据的大小，必须做到心中有数。正式操作时，根据实习步骤逐次测取数据。

6. 认真负责，实习有始有终

实验实训完毕，学生必须将实验数据提交给指导教师审阅。经指导教师认可后，才允许拆线，并整理实验实训所用的器材、导线、工具及仪表等物品，要求分类摆放、摆放整齐。

（三）实验实训报告

实验实训报告是根据实测数据和在实验实训过程中观察和发现的问题，经过自己分析研究或分析讨论后写出的心得体会。

实验实训报告要简明扼要、字迹清楚、图表整洁、结论明确。

实验实训包括以下内容：

（1）实验实训项目名称、专业班级、学号、姓名、实验实训日期、同组人员信息等。

（2）列出实验实训过程中所用的器材、设备、耗材等物品的名称及型号、规格等。

（3）绘制实验实训时使用的原理图、线路图，并注明仪表量程、电阻器阻值、电源端编号等技术参数。

（4）数据的整理和计算。

（5）对照报告要求，按记录或计算的数据用坐标纸画出相关曲线。图纸尺寸不小于8 cm×8 cm。曲线要用绘图工具连成光滑曲线，不在曲线上的点仍按实际数据标出。

（6）根据数据和曲线进行计算和分析，说明实验实训结果与理论是否符合，并针对实验实训过程中出现的某些问题，提出一些自己的见解并最后写出结论。实验实训报告应写在规定的报告书或专用纸上，要求报告书字迹端正、图表清晰、内容完整。

（7）每次实验实训，每人独立完成一份报告，按时送交指导教师批阅。

二、实验实训安全操作规程

为了按时完成电机与拖动课程的实验实训工作，确保实验实训时的人身安全与设备安全，要求指导教师和学生必须严格遵守以下安全操作规程：

（1）实验实训时，人体不可触碰带电设备和线路。

（2）接线或拆线时，必须在切断电源后方可进行。

（3）学生完成接线或改装电路后，必须经过指导教师检查和允许，并通知组内其他同学引起注意后，方可接通电源。实验实训中如果发生事故，应立即切断电源，经查清问题和妥善处理故障后，才能继续进行实验实训。

（4）电机如果采用带载直接起动的方式运行，则必须先检查功率表、电流表等仪表的量程是否满足要求、线路是否存在过载或短路隐患，避免损坏仪表或电源。

（5）实验实训设备总电源或控制屏上的总电源，应由实验实训指导教师进行操作。如果他人要操作电源，须经指导教师检查、同意后，方可操作。

第二节　电气符号的识读

电气符号包含图形符号、文字符号、回路标号等，是构成各种电路图的基本要素。只有了解和掌握符号的含义、标注原则和使用方法，才能看懂电路图。

一、图形符号

在电路图上用来表达信息的几何图形（圆形、方形、线条等）以及图形上的标记或字符，称为图形符号。为了标准统一，国家技术监督局颁布了 GB/T 4728 系列标准，制定了 1 644 个标准化了的图形符号。

常见的图形符号有基本符号、一般符号、限定符号和符号要素等。

1. 基本符号

基本符号用来说明电路的某些特征，而不表示独立的元器件。如“⎓”“~”分别表示直流电和交流电，“+”“-”表示直流电的正极和负极。

2. 一般符号

一般符号用来提供电气元件的基本信息，表示一类电气元件或此类元件共同特征的简单的图形符号。如图 1-1 所示基本信息是电阻、电感、电容的功能，识读符号时可以判定为对应的电气元件。

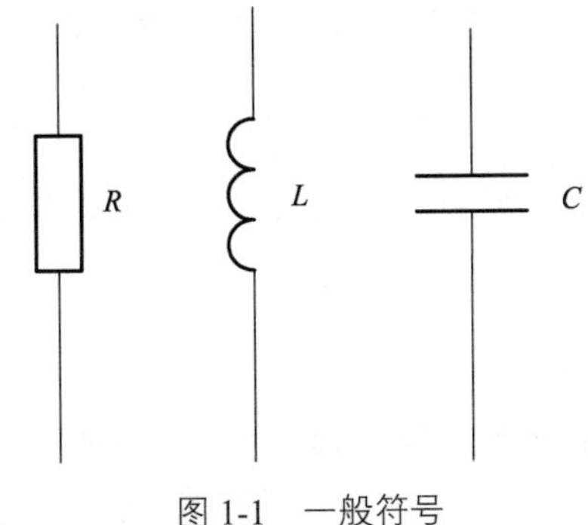

图 1-1　一般符号

3. 限定符号

限定符号用来提供附加信息，表示元器件特殊功能、效应的简单图形或字符。它作为特定元器件图形符号的一部分，出现在元器件主体符号上，或加注在主体符号的旁边。示例如图 1-2 所示。

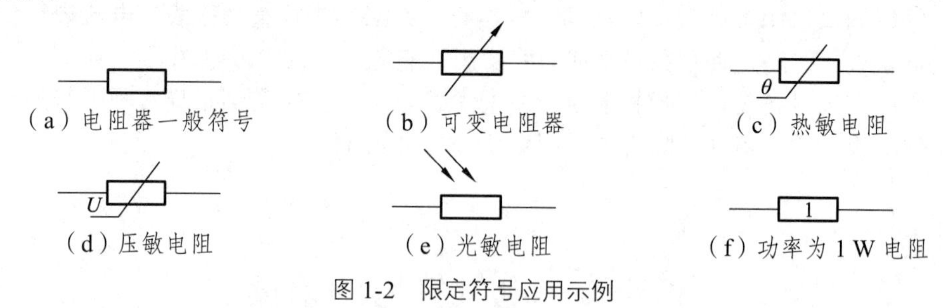

图 1-2　限定符号应用示例

4. 符号要素

符号要素是一种表示元器件结构的最简单的图形，它必须同其他图形组合构成一个代表器件或概念的完整图形符号。如图 1-3 所示。

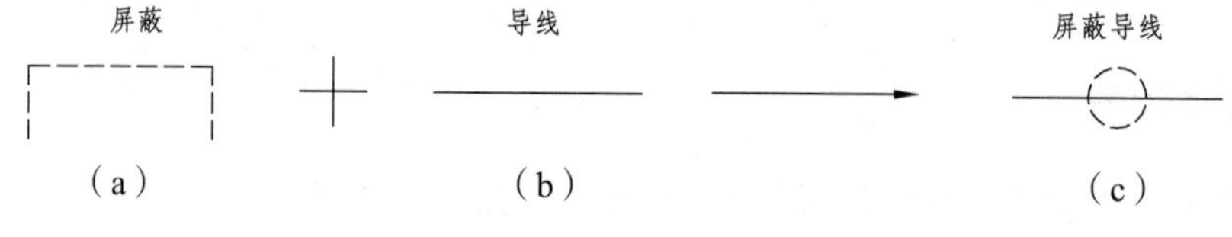

图 1-3　符号要素应用示例

以上四种符号中，一般符号和限定符号最为常用，尤其是限定符号的应用，使图形符号更具有多样性。

二、文字符号

在电路图中还有大量的文字符号，经常标注在电气设备、装置和元器件之上或旁边，用来表示电气设备、装置和元器件的名称、功能、状态和特征。文字符号分为基本文字符号和辅助文字符号。

1. 基本文字符号

基本文字符号主要表示电气设备、装置和元器件的名称，用单字母或双字母表示。例如，“FU”表示熔断器，“FR”表示热继电器，“KM”表示接触器。

2. 辅助文字

辅助文字用来表示电气设备、装置和元器件以及线路的功能、状态和特征的字符代码。例如，“ST”表示起动。

3. 回路符号

回路符号是电气原理图中表示各回路的种类和特征的文字标号和数字标号。通常由三位或以下数字组成，回路连接中在同一点上的所有导线具有同一电位，标注相同的回路标号。

4. 接地图形符号及其识读

搞清接地概念和接地符号，对简化电路分析十分有利。接地通常有两种形式。

（1）保护接地。

保护接地是指与外保护导体相连接或与保护接地电极相连接的端子。电路中的图形符号如图 1-4 所示。洗衣机、电饭锅等电器产品的外壳接地就是保护性接地。

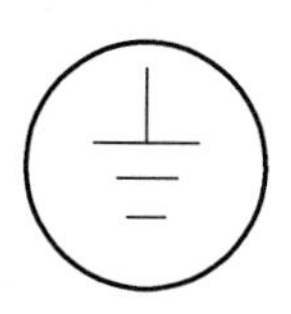

图 1-4　保护接地符号

（2）接地和接机壳。

电子电路图中的接地点是电路中的公共参考点，规定这一点的电位为零，电路中的其他各点的电位高低都以该点作为参考，这样的公共参考点（接地点）在电路中的表示方法如图 1-5 所示。如果电路中有两种不同的接地符号，表示有两个彼此独立的直流电源供电，这两个接地点必须高度绝缘，不得相连。

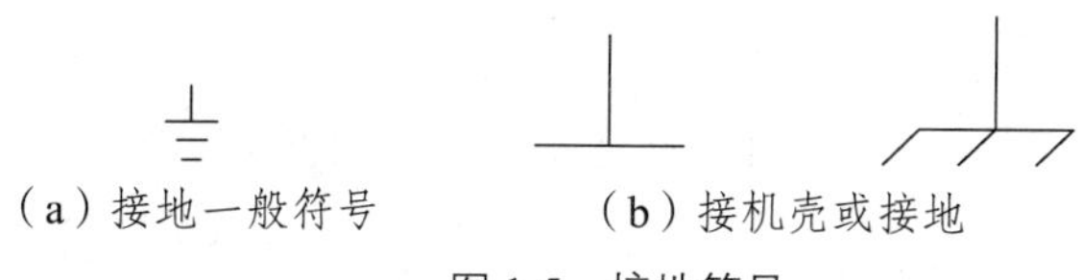

图 1-5　接地符号

三、连接线的识读

1. 连接线的表示方法

（1）导线的一般符号。如图 1-6 所示为单根导线、导线组、电线、母线、电缆线和传输电路的图形符号，并用图形的粗细、图形符号、文字符号、数字来区分各种不同的导线。

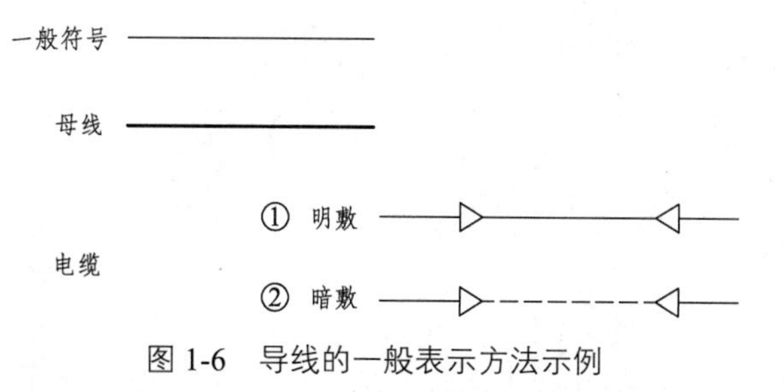

图 1-6　导线的一般表示方法示例

（2）导线根数的表示。在单根导线上加小短斜线（45°）表示几根或导线组。根数少时，用斜线数量表示，如图 1-7（a）所示；根数多时，用一根短斜线旁加注数字 n 表示，如图 1-7（b）所示。

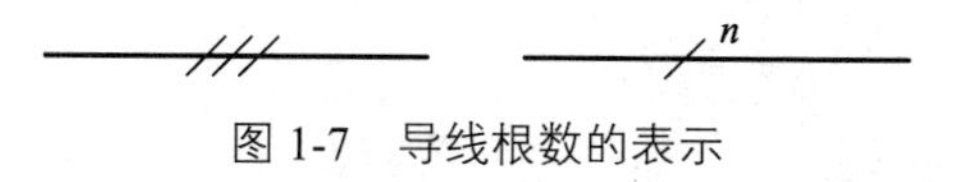

图 1-7　导线根数的表示

（3）导线特征的表示。字母、数字符号标注，如图 1-8 所示。图中（a）所示为 3 根相线、

1 根中性线 N，交流电频率 50 Hz、电压 380 V，相线截面积 6 mm^2，中性线截面积 4 mm^2，导线材料为铝。图中（b）所示导线为硬铜母线，相线截面宽×厚为 80 mm×6 mm，中性线截面宽×厚为 30 mm×4 mm。

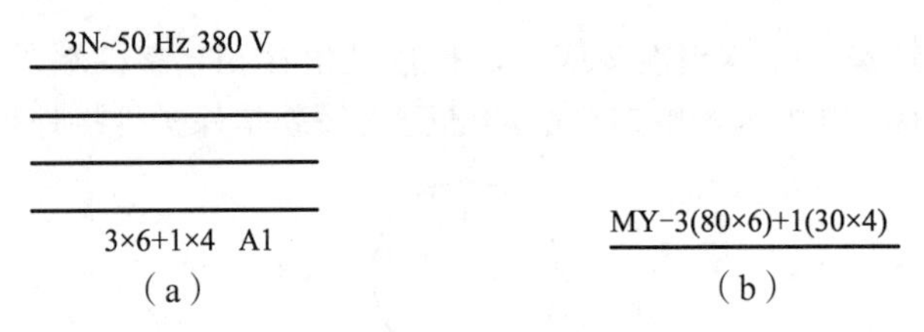

图 1-8 导线特征的表示示例

（4）导线的换位。该方法表示电路的相序变更、极性的反向以及导线的交换等。如图 1-9 所示为 L1 相和 L3 相换位。

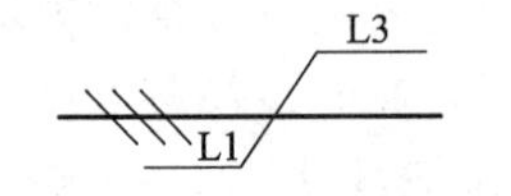

图 1-9 导线的换位的表示示例

2. 导线连接点的表示方法

如图 1-10（a）~（c）所示为导线“T”型和“+”型两种连接点的表示方法。图 1-10（a）中“T”型连接中可以加或不加实心圆点“.”，“+”型连接点必须加实心圆点“.”，如图 1-10（b）所示。对于交叉而不连接的两条以及以上的导线，在连接处不得加实心圆点，如图 1-10（c）所示。

如图 1-10（d）所示，连接点①是“T”型连接点，连接点②是“+”型连接点，连接点③的“○”表示导线与设备的端子的固定连接点，连接点④“⌀”表示可拆卸连接点，图中 A 处表示两条导线交叉而不连接。

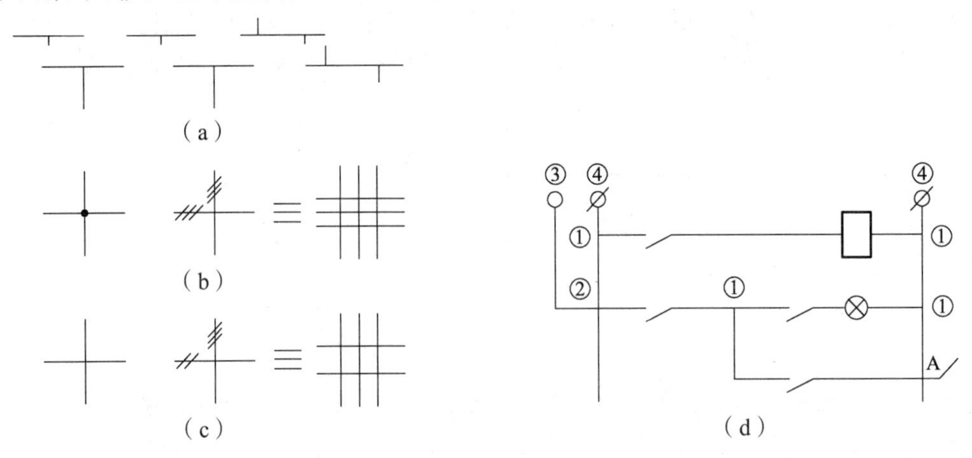

图 1-10 导线连接点的表示方法

3. 连接线的连续表示法和中断表示法

（1）连接线的连续表示法。

将连接线的头尾用导线连通的表示方法。连续线可以用单线或多线表示，对多条去向相同的连接线，为了图面清晰，可以用单线表示法来表示。当连接线两端都按顺序编号，且导线组内线数相同，可用如图 1-11（a）所示表示，但是单线的两端仍用多线表示。导线组的两端处于不同位置时，应在两个线端标注相对应的文字符号，如图 1-11（b）所示。

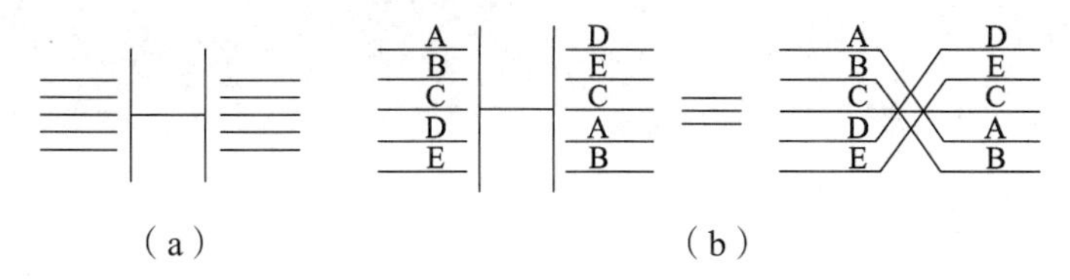

图 1-11　连接线的连续表示法示例

凡一根连接线以倾斜（一般为 45°）的方式与另一根代表线束的连接线相接的图示形式，称为汇入，表示该连接线并入线束。如图 1-12 所示为几种汇入形式。

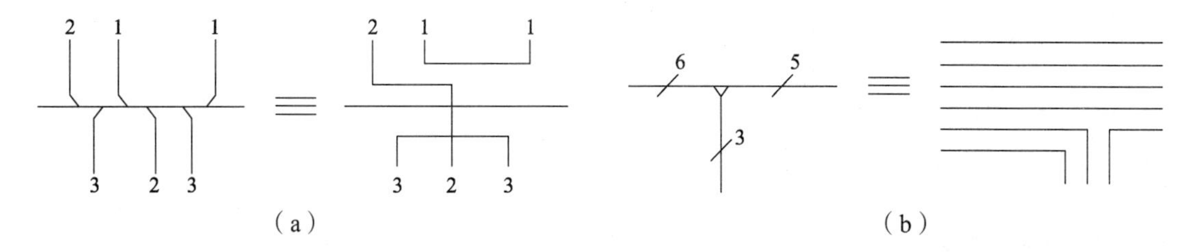

图 1-12　汇入形式表示法

用单线表示导线汇入时的一组平行连接线，如图 1-12（a）所示。末端标记相同的为一根连接线；汇接处的斜线方向用来识别连接线进入或离开汇总线的方向。当需要表示导线根数时，可用如图 1-12（b）所示方法表示。

（2）连接线的中断表示方法。

将连接线在中间断开，使用符号表示导线的去向。如图 1-13（a）所示有相同导线组的两单元或设备、元器件之间的连接线，可以用图 1-13（b）图表示：图中“-A”的 1 号端子连线的中断处标注了“-B：2”，表示该连接线与设备“-B”中的 2 号端子相连；“-A”的 2 号端子连线处的中断处标注了“-B：1”，表示该线段应该与设备“-B”的 1 号端子相连。在图 1-13（c）图中，连接线中断，并在两端处标记相同的字母，表明 a-a 相连。

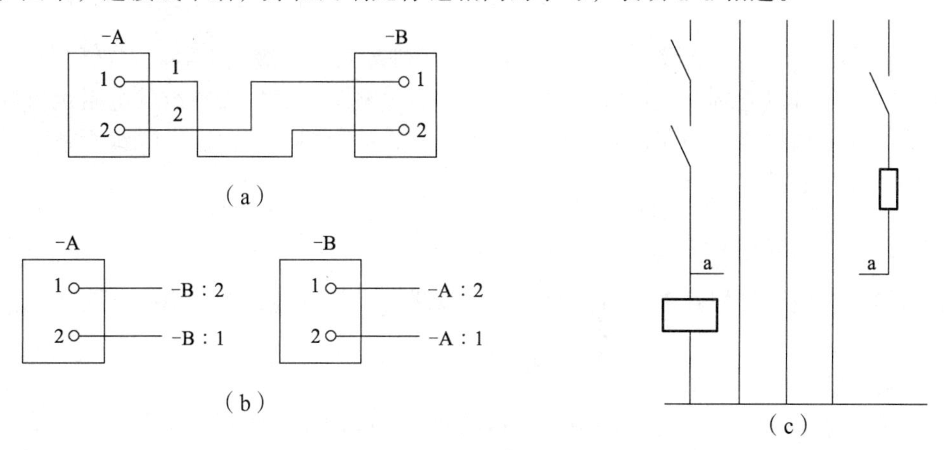

图 1-13　中断线的表示方法示例

第二章 变压器实验

实验一 变压器初次级绕组的判别及同名端的测定

一、实验目的

（1）学会判别变压器初次级绕组。
（2）学会测定互感线圈的同名端。

二、预习要点

（1）变压器的主要结构由哪几部分组成？各部分在电路和磁路中起什么作用？
（2）什么是变压器的极性？极性的重要意义是什么？
（3）如何标记变压器的同名端？

三、实验原理

1. 变压器初次级绕组的判别

由于变压器运行时，铁心损耗较小，忽略铁心损耗不计，输出视在功率近似与输入视在功率相等，故有 $U_1I_1=U_2I_2$，$\frac{U_1}{U_2}=\frac{I_2}{I_1}$，即当功率一定时，电流与电压成反比。当 $U_1>U_2$ 时，$I_2>I_1$，故初级电流小，次级电流大。初级绕组由于电流小就用细导线，次级绕组电流大就用粗导线，故通过接线端的粗细可以判别初、次级绕组。另外，通过测量初、次级绕组的电阻也可判别变压器初次级绕组。初级绕组由于匝数多、导线细又长，故电阻大；而次级绕组匝数少、导线粗又相对短些，故电阻小。

2. 同名端的测定方法

变压器的初、次绕组是相互耦合的，所以可通过测定变压器初、次级绕组的同名端，掌握同名端的测定方法。

方法一：直流测定法。接线图如图 2-1 所示。

图中开关 K 闭合的瞬间，磁路中的磁通突然增加，在线圈 1 和线圈 2 中分别产生感应电动势 e_1、e_2。若直流电压表正偏，说明实际极性是 2 端为+极，2′端为–极，故 1 与 2 端互为同名端，1′与 2′端互为同名端。若直流电压表反偏，说明实际极性是 2′端为+极，2 端为–极，故

1 与 2′端互为同名端，1′与 2 端互为同名端。

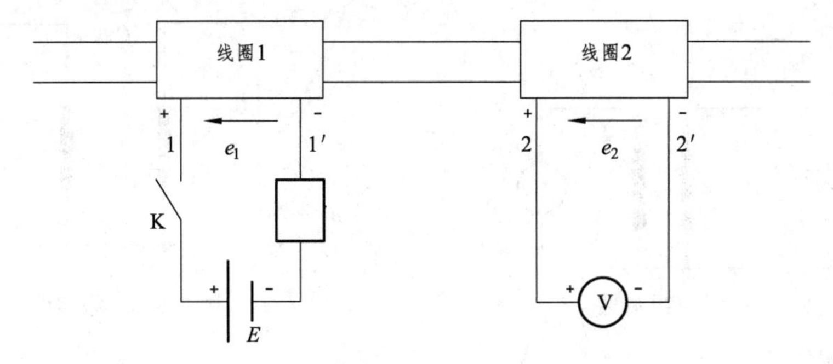

图 2-1　接线图

方法二：交流判别法。接线图如图 2-2 ~ 图 2-4 所示。

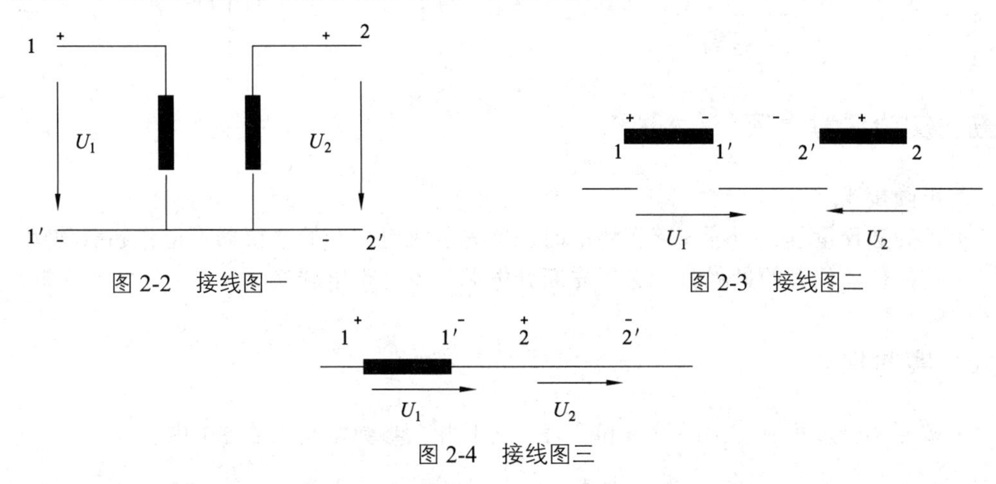

图 2-2　接线图一

图 2-3　接线图二

图 2-4　接线图三

按图 2-2 接线，在高压绕组上加上交流电压 U_1，用交流电压表测量 U_1、U_2 及 U_{12}。

若 $U_{12}=U_1-U_2$，说明 U_1 与 U_2 同相，两个线圈反向串联，如图 2-3 所示，则 1 与 2 端互为同名端，1′与 2′端互为同名端。

若 $U_{12}=U_1+U_2$，说明 U_1 与 U_2 反相，两个线圈正向串联，如图 2-4 所示，则 1 与 2′端互为同名端，1′与 2 端互为同名端。

四、实验步骤

1. 判别变压器的初、次级绕组

实验接线图如图 2-5、图 2-6 所示。图中 AX 表示初级绕组，ax 表示次级绕组。

用万用表的欧姆挡分别测量初、次级绕组的电阻：r_1=______Ω，r_2=_____Ω。

2. 同名端的判别

（1）直流测定法。

按照图 2-5 接线，闭合开关 K 的瞬间，观察电压表的指针变化：

Ⓥ表的指针______偏，A 与_______互为同名端，X 与______互为同名端。

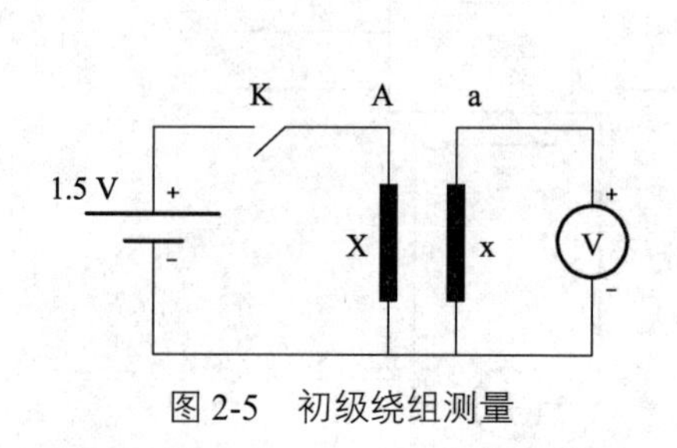

图 2-5　初级绕组测量

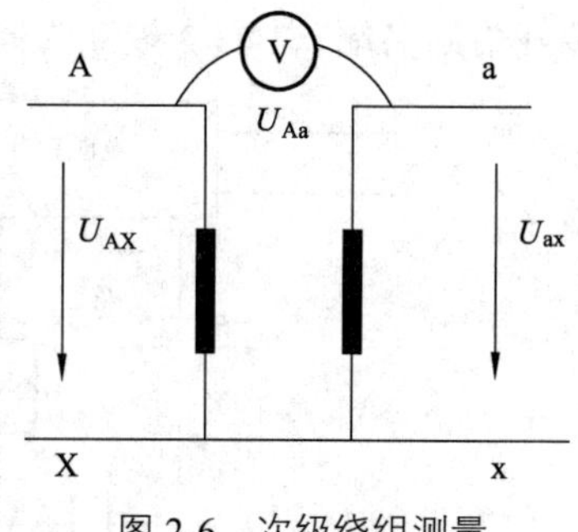

图 2-6　次级绕组测量

（2）交流测定法。

按图 2-6 接线，在高压绕组上加上额定电压 220 V，用交流电压表分别测量 U_{AX}=_____V，U_{ax}=______V，U_{Aa}=______V，U_{Aa}=U_{AX}_____ U_{ax}，两个绕组______向串联，A 与_____互为同名端，X 与______互为同名端。

五、实验注意事项

（1）正确接线。

（2）正确选择量程，当不知道实测值时，应先从大量程开始，仪器不得作超载使用。

（3）转换仪器仪表的量程时，必须先断开电源，不得带电转换。

六、实验报告

（1）按照实验过程所使用的设备和仪表，将其相关参数填写入表 2-1 中。

表 2-1　测量仪表

名　称	型　号	数　量	编　号	备　注

（2）实验结果的分析处理（分析误差原因、结论、收获体会等）。

实验二　控制变压器绝缘电阻的测量

一、实验目的

（1）了解控制变压器的主要结构和工作原理。
（2）掌握兆欧表的使用方法。
（3）掌握绝缘电阻对变压器安全运行的影响。

二、预习要点

（1）变压器的主要结构由哪几部分组成？
（2）绝缘电阻对电气设备的安全有哪些影响？国家对常用电气设备的对地绝缘电阻数值有何规定？
（3）通常有哪些措施可以提高变压器的绝缘电阻？

三、实验设备

JBK3-40 型变压器；数字式兆欧表（500 V）；连接导线及相关电工操作工具。

四、实验步骤

（1）查看待测变压器，了解变压器结构。如图 2-7 所示。

图 2-7　控制变压器结构

（2）调整数字式兆欧表的量程并连接表笔。如图 2-8 所示。
将数字式兆欧表的量程调整为“500 V”挡，显示屏上也会同时显示量程为 500 V；然后将红表笔插入线路端“LINE”孔中，再将黑表笔插入接地端“EARTH”孔中。

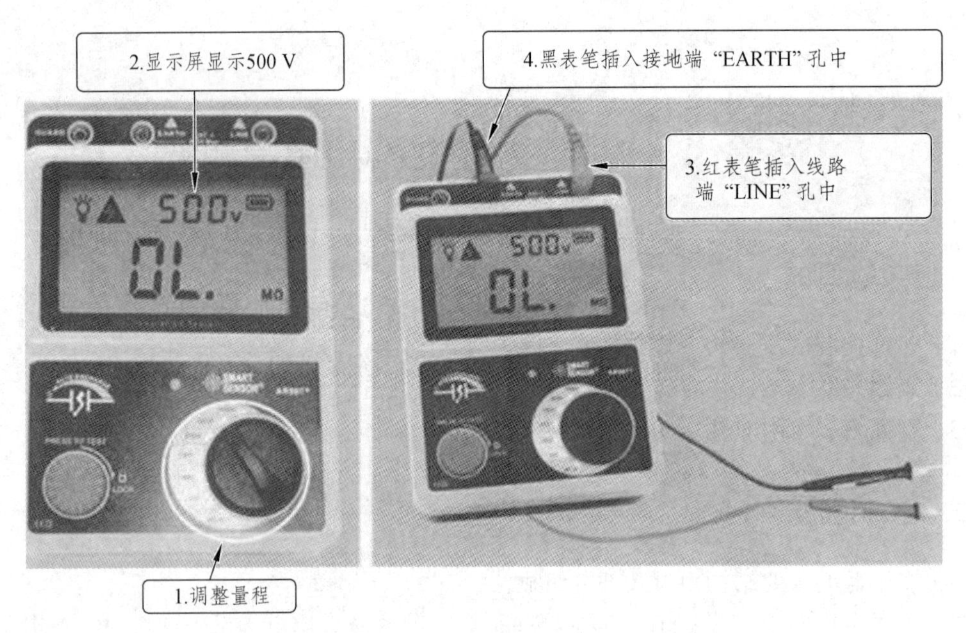

图 2-8　调试数字式兆欧表

（3）测试变压器一次绕组与铁心之间的绝缘电阻。如图 2-9 所示。

将数字式兆欧表的红表笔搭在变压器一次绕组的任意一根线芯上，黑色表笔搭在变压器的金属外壳上，按下数字式兆欧表的测试按钮，此时数字式兆欧表的显示盘显示数值即为一次绕组与铁心之间的绝缘电阻。

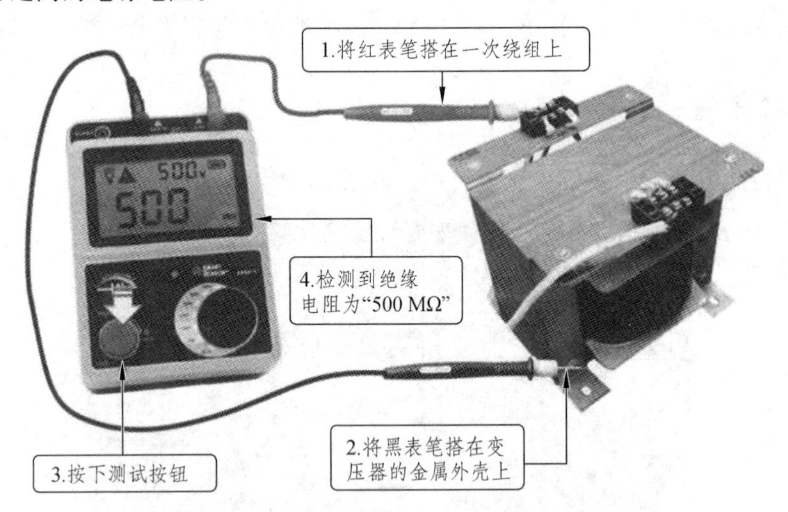

图 2-9　绕组与铁心之间绝缘电阻测量

（4）测试变压器二次绕组与铁心间的绝缘电阻。

将数字式兆欧表的红表笔搭在变压器二次绕组的任意一根线芯上，黑色表笔搭在变压器的金属外壳上，然后按下数字式兆欧表的测试按钮，此时数字式兆欧表的显示盘显示值即为二次绕组与铁心间的绝缘电阻。

（5）测试变压器一次绕组与二次绕组之间的绝缘电阻。

将数字式兆欧表的红表笔搭在变压器二次绕组的任意一根线芯上，黑色表笔搭在变压器一次绕组的任意一根线芯上，然后按下数字式兆欧表的测试按钮，此时数字式兆欧表的显示盘显示值即为一次绕组与二次绕组的绝缘电阻值。

五、注意事项

（1）控制变压器绝缘电阻测试要求，如图 2-10 所示接线方法及各部位数值标准。

（2）使用兆欧表测量线缆的绝缘电阻时，若兆欧表为线缆所加的电压达到 1 000 V，线缆的绝缘电阻应当达到“1 MΩ”以上；若兆欧表为线缆所加的电压为 10 kV，线缆的绝缘电阻应当达到“10 MΩ”以上，这样就说明该线缆绝缘性能良好。若线缆绝缘性能达不到上述要求时，该线缆在与其他电气设备连接使用的过程中，可能会出现短路故障。

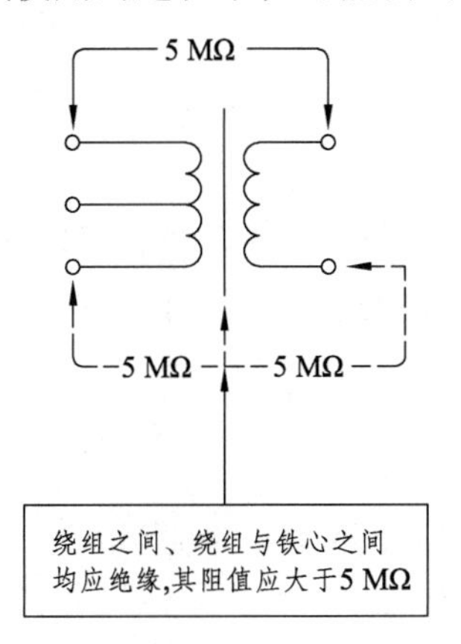

图 2-10　控制变压器绝缘电阻测试要求

六、实验报告

（1）将实验过程中测量的数据，填写入表 2-2 中。

表 2-2　控制变压器绝缘电阻的测量

控制变压器参数				兆欧表		绝缘电阻值		
型号	变压比	初级电压/V	次级电压/V	型号	规格	初级绕组与铁心	次级绕组与铁心	初级绕组与次级绕组

（2）简单分析兆欧表测量绝缘电阻与万用表测量电阻的区别。能使用万用表测量变压器的绕组与铁心之间的绝缘电阻值吗？如果测得变压器某相绕组的绝缘电阻为 0.1 MΩ，请问还能使用这台变压器吗？为什么？

实验三　单相变压器的性能测试

一、实验目的

（1）通过空载和短路实验测定单相变压器的变比和参数。

（2）通过负载实验测取变压器的运行特性。

二、预习要点

（1）变压器的空载和短路实验有什么特点？实验中电源电压一般加在变压器哪一侧比较合适？

（2）在空载和短路实验中，各种仪表应怎样连接才能使测量误差最小？

（3）如何用实验方法测定变压器的铁耗及铜耗？

三、实验项目

（1）空载实验：测取空载特性 $U_0=f(I_0)$，$P_0=f(U_0)$。

（2）短路实验：测取短路特性 $U_K=f(I_K)$，$P_K=f(I)$。

（3）负载实验：保持 $U_1=U_{1N}$，$\cos\varphi_2=1$ 的条件下，测取 $U_2=f(I_2)$。

四、实验设备

（1）交流电压表、电流表、功率表。

（2）可调电阻箱（NMEL-03/4）。

（3）开关（NMEL-05D）。

（4）单相变压器。

五、实验步骤

1. 空载实验

空载实验接线如图 2-11 所示。

实验时，变压器的低压线圈接线端 $2U_1$、$2U_2$ 接入电源，高压线圈 $1U_1$、$1U_2$ 开路。

A 为交流电流表；V_1、V_2 为交流电压表，电压表 V_1 测量变压器低压侧的电压，电压表 V_2 测量变压器高压侧的电压；W 为功率表，接线时需注意电压线圈和电流线圈的同名端，避免接错线。

（1）未上主电源前，将调压器旋钮逆时针方向旋转到底，并合理选择各仪表量程。

（2）合上交流电源总开关，即按下绿色“闭合”开关，顺时针调节调压器旋钮，使变压器空载电压 $U_0=1.2U_N$。

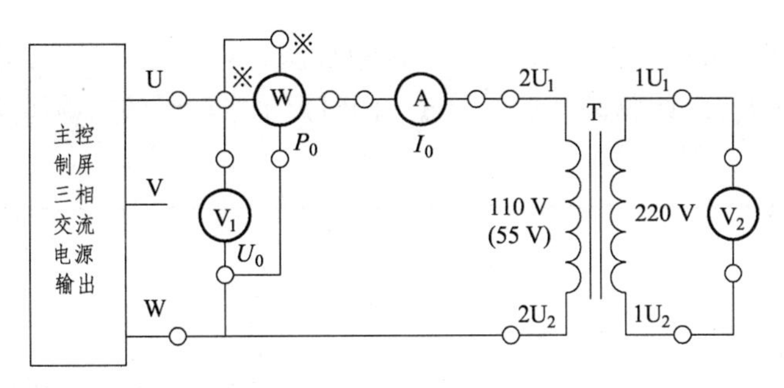

图 2-11　空载实验接线

（3）逐次降低电源电压，在（1.2 ~ 0.5）U_N 的范围内测取变压器的 U_0、I_0、P_0，共取 5 ~ 6 组数据，记录于表 2-3 中。其中 $U_0=U_N$ 的点必须测量，要求在该点附近测量的点应该密集些。为了计算变压器的变压比，在 U_N 以下测取高压侧电压的同时，再测取低压侧电压。

表 2-3　测量表

序　号	实 验 数 据					计算数据
	U_0/V	I_0/A	P_0/W	U_1/V	U_2/V	$\cos\varphi_2$
1						
2						
3						
4						
5						
6						

（4）测量数据以后，断开三相电源，以便为下次实验作好准备。

2. 短路实验

实验接线图如图 2-12 所示。实验过程必须注意：每次改接线路时，必须关断电源。实验时，将单相变压器 T 的高压线圈与电源相接，低压线圈直接短路。

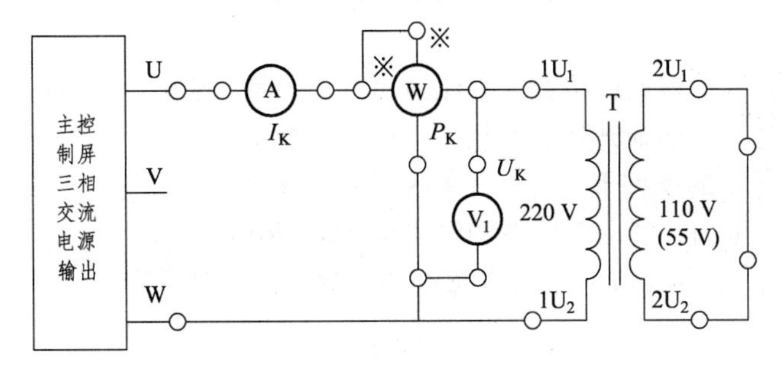

图 2-12　变压器的短路实验接线

A、V、W 分别为交流电流表、电压表、功率表，接线方法同空载实验一样。

（1）未上主电源前，将调压器调节旋钮逆时针调到底（即最小位置）。

（2）合上交流电源绿色“闭合”开关，接通交流电源，逐次增加输入电压，直到短路电流等于 1.1I_N 为止。在（0.5 ~ 1.1）I_N 范围内，测取变压器的 U_K、I_K、P_K，共取 6 ~ 7 组数据记录于表 2-4 中，其中 I_K=I_N 的测量点必须测量。同时记录实验时的周围环境温度 θ（°C）。

表 2-4　测量表　　室温 θ=　　°C

序　号	实 验 数 据			计算数据
	U_K/V	I_K/A	P_K/W	$\cos\varphi_k$
1				
2				
3				
4				
5				
6				
7				

3. 负载实验

实验接线如图 2-13 所示。

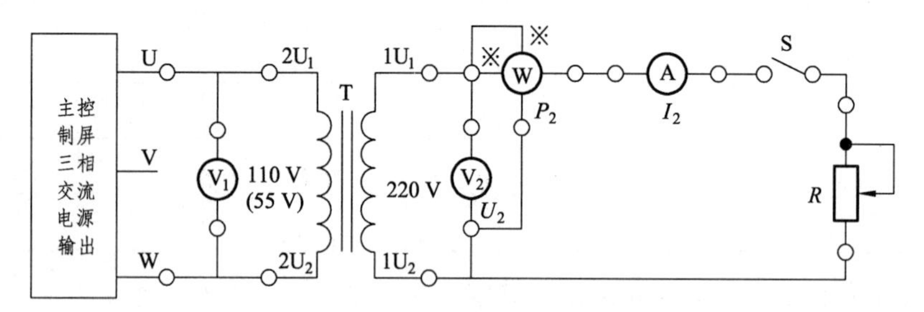

图 2-13　变压器的负载实验接线

实验前，将变压器 T 的低压线圈接入电源，高压线圈经过开关 S 接到负载电阻 R 上。R 选用模块 NMEL-03/4 的 R_1 电阻。开关 S 采用 NMEL-05D 的双刀双掷开关，电压表、电流表、功率表（含功率因数表）的接线方法同空载实验接线时一样。

实验步骤如下。

（1）未上主电源前，将调压器调节旋钮逆时针调到底，S 断开，负载电阻值调节到最大。

（2）合上交流电源，逐渐升高电源电压，使变压器输入侧电压 U_1=U_N。

（3）在保持 U_1=U_N 的条件下，合上开关 S，逐渐增加负载电流，即减小负载电阻 R 的值，从空载到额定负载范围内，测取变压器的输出电压 U_2 和电流 I_2。

（4）测取数据时，I_2=0 和 I_2=I_{2N} 的特殊点必须测量，共取数据 6 ~ 7 组，记录于表 2-5 中。

表 2-5　测量表　　$\cos\varphi_2$=1，U_1=U_N

序　号	1	2	3	4	5	6	7
U_2/V							
I_2/A							

六、注意事项

（1）在变压器实验中，应注意电压表、电流表、功率表的合理布置。
（2）短路实验操作要快，否则线圈发热会引起电阻变化。

七、实验报告

1. 计算变比 K

由空载实验测取到的变压器的高、低压测得电压的三组数据，分别计算出变比 K，然后取其平均值作为变压器的变比 K。

$$K=\frac{U_1}{U_2}$$

2. 绘出空载特性曲线和计算激磁参数

绘出空载特性曲线 $U_0=f(I_0)$，$P_0=f(U_0)$，$\cos\varphi_0=f(U_0)$。

$$\cos\varphi_0=\frac{P_0}{U_0 I_0}$$

从空载特性曲线上查出对应于 $U_0=U_N$ 时的 I_0 和 P_0 值，并由下式算出激磁参数：

$$r_m=\frac{P_0}{I_0^2}$$

$$Z_m=\frac{U_0}{I_0}$$

$$X_m=\sqrt{Z_m^2-r_m^2}$$

3. 绘出短路特性曲线和计算短路参数

（1）绘出短路特性曲线 $U_K=f(I_K)$、$P_K=f(I_K)$、$\cos\varphi_K=f(I_K)$。
（2）计算短路参数。

从短路特性曲线上查出对应于短路电流 $I_K=I_N$ 时的 U_K 和 P_K 值，由下列公式计算出实验环境温度为 θ（°C）的短路参数。

$$Z'_K=\frac{U_K}{I_K}$$

$$r_K=\frac{P_K}{I_K^2}$$

$$X'_K=\sqrt{Z_K'^2-r_K'^2}$$

$$Z_K=\frac{Z'_K}{K^2},\quad r_K=\frac{r'_K}{K^2},\quad X_K=\frac{X'_K}{K^2}$$

由于短路电阻 r_K 随温度而变化，因此，计算出的短路电阻应按国家标准换算到基准工作温度 75 °C 时的阻值。

$$r_{K75\,°C} = r_{K\theta}\frac{234.5+75}{234.5+\theta}$$

$$Z_{K75\,°C} = \sqrt{r_{K75\,°C} + X_K^2}$$

式中，234.5 为采用铜导线时所取的常数，若用铝导线，常数应改为 228。

阻抗电压：

$$U_K = \frac{I_N Z_{K75\,°C}}{U_N}\times 100\%$$

$$U_{Kr} = \frac{I_N r_{K75\,°C}}{U_N}\times 100\%$$

$$U_{KX} = \frac{I_N X_K}{U_N}\times 100\%$$

I_K=I_N 时的短路损耗： $p_{KN} = I_N^2 r_{K75\,°C}$

4. 电路绘制

利用空载和短路实验测定的参数，画出被测试变压器折算到低压方的“Γ”型等效电路。

5. 变压器的电压变化率 ΔU

绘出 $\cos\varphi_2$=1 和外特性曲线 U_2=$f(I_2)$；由特性曲线计算出 I_2=I_{2N} 时的电压变化率 ΔU 。

$$\Delta U = \frac{U_{20}-U_2}{U_{20}}\times 100\%$$

实验四　三相变压器的性能测试

一、实验目的

（1）通过空载和短路实验，测定三相变压器的变比和参数。
（2）通过负载实验，测取三相变压器的运行特性。

二、预习要点

（1）如何用双瓦特计法测量三相功率？空载和短路实验应如何合理布置仪表？
（2）三相芯式变压器的三相空载电流是否对称，为什么？
（3）如何测定三相变压器的铁耗和铜耗？
（4）变压器空载和短路实验应注意哪些问题？电源应加在哪一方较合适？

三、实验项目

（1）测定变比。
（2）空载实验：测取空载特性 $U_0=f(I_0)$，$P_0=f(U_0)$，$\cos\varphi_0=f(U_0)$。
（3）短路实验：测取短路特性 $U_K=f(I_K)$，$P_K=f(I_K)$，$\cos\varphi_K=f(I_K)$。
（4）纯电阻负载实验：保持 $U_1=U_{1N}$，$\cos\varphi_2=1$ 的条件下，测取 $U_2=f(I_2)$。

四、实验设备

（1）交流电压表、电流表、功率、功率因数表（NMEL-17D）。
（2）可调电阻箱（NMEL-03/4）。
（3）开关（NMEL-05D）。
（4）三相变压器（NMEL-02）。

五、实验方法

1. 测定变压比

实验接线如图 2-14 所示，被测试变压器选用三相变压器。

（1）在三相交流电源断电的条件下，将调压器旋钮逆时针方向旋转到底，并合理选择各仪表量程。

（2）合上交流电源总开关，即按下绿色“闭合”开关，顺时针调节调压器旋钮，使变压器空载电压 $U_0=0.5U_N$，测取高、低压线圈的线电压 $U_{1U_1 \cdot 1V_1}$、$U_{1V_1 \cdot 1W_1}$、$U_{1W_1 \cdot 1U_1}$、$U_{2U_1 \cdot 2V_1}$、$U_{2V_1 \cdot 2W_1}$、$U_{2W_1 \cdot 2U_1}$，记录于表 2-6 中。

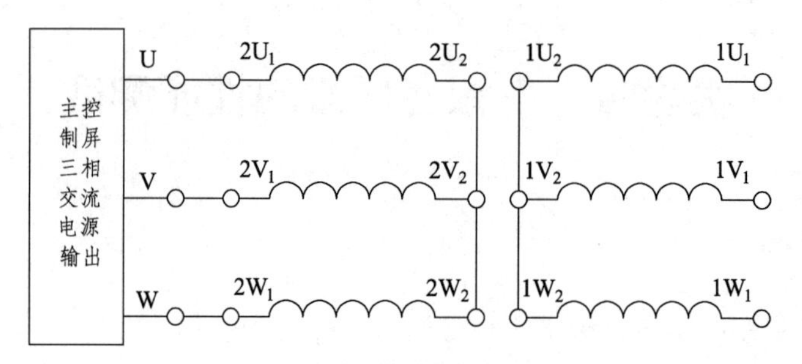

图 2-14　三相变压器变比实验接线

表 2-6　测量表

U/V		K_{UV}	U/V		K_{VW}	U/V		K_{WU}	K=1/3（K_{UV}+K_{VW}+K_{WU}）
$U_{1U_1\cdot 1V_1}$	$U_{2U_1\cdot 2V_1}$		$U_{1V_1\cdot 1W_1}$	$U_{2V_1\cdot 2W_1}$		$U_{1W_1\cdot 1U_1}$	$U_{2W_1\cdot 2U_1}$		

$$K_{UV}=U_{1U_1\cdot 1V_1}/U_{2U_1\cdot 2V_1}$$

$$K_{VW}=U_{1V_1\cdot 1W_1}/U_{2V_1\cdot 2W_1}$$

$$K_{WU}=U_{1W_1\cdot 1U_1}/U_{2W_1\cdot 2U_1}$$

2. 空载实验

三相变压器的空载实验接线如图 2-15 所示。图中对应一个交流电压表、一个交流电流表的配置。实验时，变压器低压线圈接电源，高压线圈开路。A、V、W 分别为交流电流表、交流电压表、功率表。功率表接线时，需注意电压线圈和电流线圈的同名端，避免接错线。

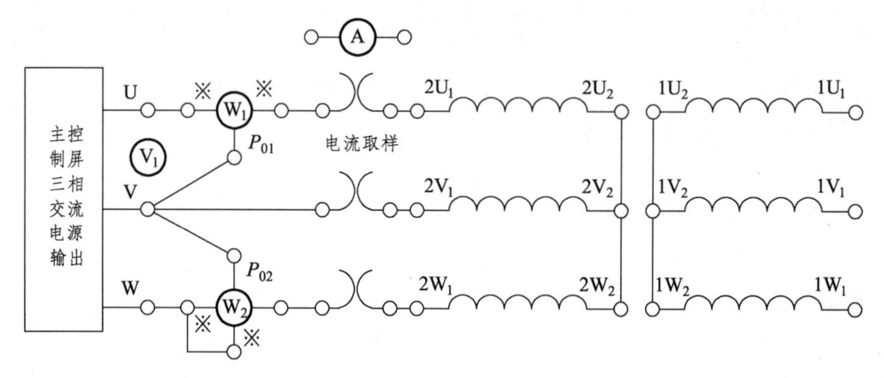

图 2-15　三相变压器空载实验接线

（1）接通电源前，先将交流电源调到输出电压为零的位置。合上交流电源总开关，即按下绿色“闭合”开关，顺时针调节调压器旋钮，使变压器空载电压 U_0=1.2U_N。

（2）逐次降低电源电压，在（1.2 ~ 0.5）U_N 的范围内，测取变压器的三相线电压、电流和功率，共取 6 ~ 7 组数据，记录于表 2-7 中。其中 $U=U_N$ 的点必须测量，并在该点附近测的点需要密集些。

（3）测量完数据，断开三相电源，为下次实验做好准备。

表 2-7 测量表

序号	实验数据								计算数据			
	U_0/V			I_0/A			P_0/W		U_0/V	I_0/A	P_0/W	$\cos\varphi_0$
	$U_{2U_1\cdot 2V_1}$	$U_{2V_1\cdot 2W_1}$	$U_{2W_1\cdot 2U_1}$	$I_{2U_{10}}$	$I_{2V_{10}}$	$I_{2W_{10}}$	P_{01}	P_{02}				
1												
2												
3												
4												
5												
6												

3. 短路实验

实验线路如图 2-16 所示。实验前将三相变压器的高压线圈接电源，低压线圈直接短路。

接通电源前，将交流电压调到输出电压为零的位置，接通电源后，逐渐增大电源电压，使变压器的短路电流 I_K=1.1I_N。然后逐次降低电源电压，在（1.1 ~ 0.5）I_N 的范围内，测取变压器的三相输入电压、电流及功率，共取 4 ~ 5 组数据，记录于表 2-8 中，其中 I_K=I_N 点必测。实验时，记下周围环境温度，作为线圈的实际温度。

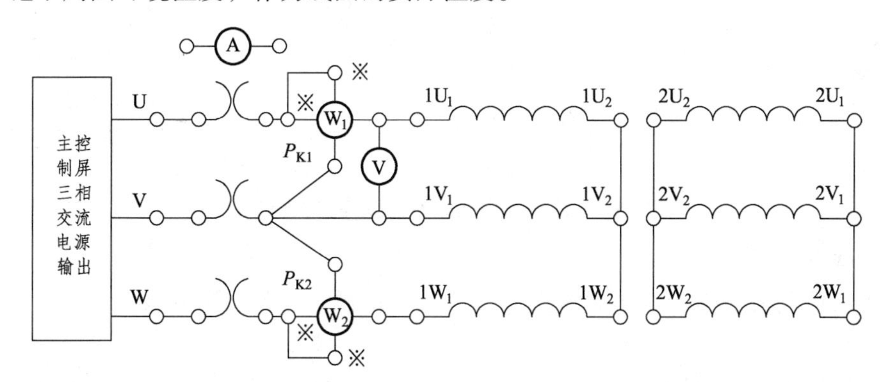

（a）单表测量接线

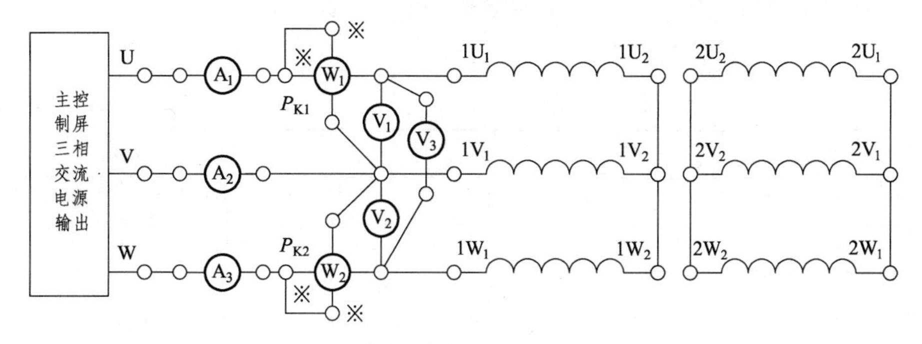

（b）多表测量接线

图 2-16 三相变压器短路实验接线

表 2-8　测量表　　　　θ=　　°C

序号	实验数据								计算数据			
	U_K/V			I_K/A			P_K/W		U_K/V	I_K/A	P_K/W	$\cos\varphi_K$
	$U_{1U_1\text{-}1V_1}$	$U_{1V_1\text{-}1W_1}$	$U_{1W_1\text{-}1U_1}$	I_{1U_1}	I_{1V_1}	I_{1W_1}	P_{K_1}	P_{K_2}				
1												
2												
3												
4												
5												

4. 纯电阻负载实验

三相变压器的负载实验电路接线如图 2-17 所示，变压器低压线圈接电源，高压线圈经开关 S（NMEL-05D）接负载电阻 R，R 选用 NMEL-03/4 中 R_2 电阻。

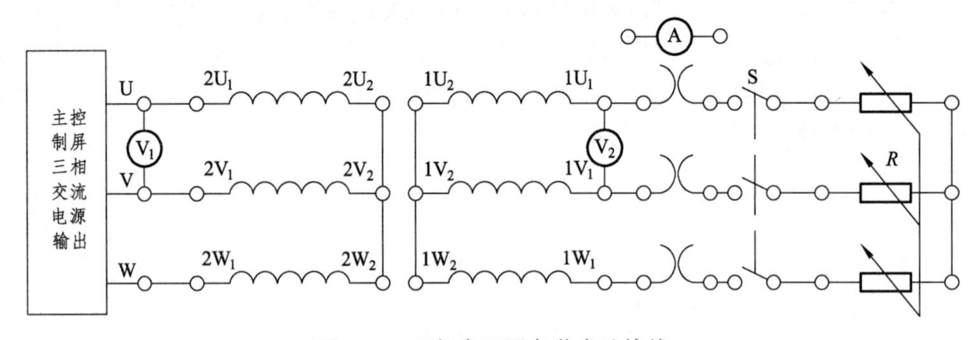

图 2-17　三相变压器负载实验接线

实验步骤：

（1）将负载电阻 R 调至最大，合上开关 S 接通电源，调节交流电压，使变压器的输入电压 $U_1=U_{1N}$。

（2）在保持 $U_1=U_{1N}$ 的条件下，逐次增加负载电流，从空载到额定负载范围内，测取变压器三相输出线电压和相电流，共取 5～6 组数据，记录于表 2-9 中，其中 $I_2=0$ 和 $I_2=I_N$ 两点必须测量。

表 2-9　测量表　　　　$U_{UV}=U_{1N}$=　　V；$\cos\varphi_2=1$

序号	U/V				I/A			
	$U_{1U_1\text{-}1V_1}$	$U_{1V_1\text{-}1W_1}$	$U_{1W_1\text{-}1U_1}$	U_2	I_{1U_1}	I_{1V_1}	I_{1W_1}	I_2
1								
2								
3								
4								
5								

六、注意事项

在三相变压器实验中，应注意电压表、电流表和功率表的合理布置。做短路实验时操作要快，否则线圈发热会引起电阻变化。

七、实验报告

1. 计算变压器的变比

根据实验数据，计算出各项的变比，然后取其平均值作为变压器的变比。

$$K_{UV}=\frac{U_{1U_1\cdot 1V_1}}{U_{2U_1\cdot 2V_1}},K_{VW}=\frac{U_{1V_1\cdot 1W_1}}{U_{2V_1\cdot 2W_1}},K_{WU}=\frac{U_{1W_1\cdot 1U_1}}{U_{2W_1\cdot 2U_1}}$$

2. 根据空载实验数据作空载特性曲线并计算激磁参数

（1）绘出空载特性曲线。

$$U_0=f(I_0)，P_0=f(U_0)，\cos\varphi_0=f(U_0)。$$

式中，

$$U_0=(U_{2U_1\cdot 2V_1}+U_{2V_1\cdot 2W_1}+U_{2W_1\cdot 2U_1})/3$$

$$I_0=(I_{2U_{10}}+I_{2V_{10}}+I_{2W_{10}})/3$$

$$P_0=P_{01}+P_{02}$$

$$\cos\varphi_0=\frac{P_0}{\sqrt{3}U_0I_0}$$

（2）计算激磁参数。

从空载特性曲线查出对应于 $U_0=U_N$ 时的 I_0 和 P_0 值，并由下式求取激磁参数。

$$r_m=\frac{P_0}{3I_0^2},Z_m=\frac{U_0}{\sqrt{3}I_0},X_m=\sqrt{Z_m^2-r_m^2}$$

3. 绘出短路特性曲线和计算短路参数

（1）绘出短路特性曲线。

$$U_K=f(I_K)，P_K=f(I_K)，\cos\varphi_K=f(I_K)。$$

式中，

$$U_K=(U_{1U_1\cdot 1V_1}+U_{1V_1\cdot 1W_1}+U_{1W_1\cdot 1U_1})/3$$

$$I_K=(I_{1U_1}+I_{1V_1}+I_{1W_1})/3$$

$$P_K=P_{K_1}+P_{K_2}$$

$$\cos\varphi_K=\frac{P_K}{\sqrt{3}U_KI_K}$$

（2）计算短路参数。

从短路特性曲线查出对应于 $I_K=I_N$ 时的 U_K 和 P_K 值，并由下列公式计算出实验环境温度 θ（°C）时的短路参数。

$$r'_K=\frac{P_K}{3I_N^2},Z_K=\frac{U_K}{\sqrt{3}I_N},X'_K=\sqrt{Z_K'^2-r_K'^2}$$

折算到低压方：

$$Z_K=\frac{Z'_K}{K^2},r_K=\frac{r'_K}{K^2},X_K=\frac{X'_K}{K^2}$$

换算到基准工作温度的短路参数为 $r_{K75\,°C}$ 和 $Z_{K75\,°C}$，计算出阻抗电压。

$$U_K=\frac{\sqrt{3}I_N Z_{K75\,°C}}{U_N}\times100\%$$

$$U_{Kr}=\frac{\sqrt{3}I_N r_{K75\,°C}}{U_N}\times100\%$$

$$U_{KX}=\frac{\sqrt{3}I_N X_K}{U_N}\times100\%$$

$I_K=I_N$ 时的短路损耗：$P_{KN}=3I_N^2 r_{K75\,°C}$

4. 绘制电路

利用由空载和短路实验测定的参数，画出被试变压器的“Γ”型等效电路。

5. 变压器的电压变化率 ΔU

（1）根据实验数据绘出 $\cos\varphi_2=1$ 时的特性曲线 $U_2=f(I_2)$，由特性曲线计算出 $I_2=I_{2N}$ 时的电压变化率 ΔU 。

$$\Delta U=\frac{U_{20}-U_2}{U_{20}}\times100\%$$

（2）根据实验求出的参数，算出 $I_2=I_N$，$\cos\varphi_2=1$ 时的电压变化率 ΔU 。

$$\Delta U=\beta(U_{Kr}\cos\varphi_2+U_{KX}\sin\varphi_2)$$

实验五　单相变压器的并联运行

一、实验目的

学习变压器投入并联运行的方法。

二、预习要点

（1）单相变压器并联运行的条件是什么？
（2）如何验证两台变压器具有相同的极性？

三、实验项目

（1）将两台单相变压器投入并联运行。
（2）阻抗电压相等的两台单相变压器并联运行，研究其负载分配情况。

四、实验设备及仪器

（1）电机教学实验台主控制屏（含交流电压表、交流电流表）。
（2）功率及功率因数表。
（3）三相组式变压器。
（4）可调电阻箱（NMEL-03/4）。
（5）旋转指示灯及开关板（NMEL-05D）。

五、实验线路和操作步骤

实验线路如图 2-18 所示。

单相变压器Ⅰ和Ⅱ选用三相组式变压器中任意两台，变压器的高压绕组并联结电源，低压绕组经开关 S_1 并联后，再由开关 S_3 接负载电阻 R_L。由于负载电流较大，R_L 可采用并串联结法（选用 NMEL-03/4 的 90 Ω 与 90 Ω 并联再与 180 Ω 串联，共 225 Ω 阻值）的变阻器。为了人为地改变变压器Ⅱ的阻抗电压，在其二次侧串入电阻 R（选用 NMEL-03/4 的 90 Ω 与 90 Ω 并联的变阻器）。

1. 两台单相变压器空载投入并联运行实验步骤

（1）检查变压器的变比和极性。

① 接通电源前，将开关 S_1、S_3 打开，合上开关 S_2。

② 接通电源后，调节变压器输入电压至额定值，测出两台变压器二次侧电压 $U_{2U_1 \cdot 2V_2}$ 和 $U_{2V_1 \cdot 2V_2}$，若 $U_{2U_1 \cdot 2V_2} = U_{2V_1 \cdot 2V_2}$，则两台变压器的变比相等，即 $K_Ⅰ=K_Ⅱ$。

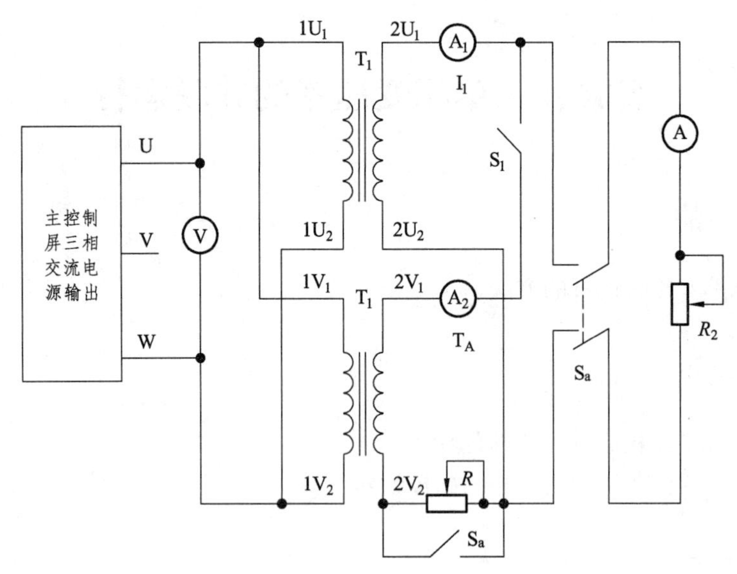

图 2-18　单相变压器并联运行实验接线

③ 测出两台变压器二次侧的 $2U_1$ 与 $2V_1$ 端点之间的电压 $U_{2U_1 \cdot 2V_1}$，若 $U_{2U_1 \cdot 2V_1} = U_{2U_1 \cdot 2U_2} - U_{2V_1 \cdot 2V_2}$，则首端 $1U_1$ 与 $1V_1$ 为同极性端，反之为异极性端。

（2）投入并联。

检查两台变压器的变比相等和极性相同后，合上开关 S_1，即投入并联。若 K_{I} 与 K_{II} 不是严格相等，将会产生环流。

2. 阻抗电压相等的两台单相变压器并联运行

（1）投入并联后，合上负载开关 S_3。

（2）在保持一次侧额定电压不变的情况下，逐次增加负载电流，直至其中一台变压器的输出电流达到额定电流为止，测取Ⅰ、Ⅱ、Ⅲ，共取 5 ~ 6 组数据记录于表 2-10 中。

表 2-10　测量表

序号	I_{I}/A	I_{II}/A	I_{III}/A
1			
2			
3			
4			
5			
6			

六、实验报告

根据实验内容 2 中的数据，画出负载分配曲线 $I_{\mathrm{I}}=f(I)$及 $I_{\mathrm{II}}=f(I)$。

实验六　三相变压器的联结组和不对称短路

一、实验目的

（1）掌握用实验方法测定三相变压器的极性。
（2）掌握用实验方法判别变压器的联结组。
（3）研究三相变压器不对称短路。

二、预习要点

（1）联结组的定义。为什么要研究联结组?国家规定的标准联结组有哪几种?
（2）如何把 Y/Y-12 联结组改成 Y/Y-6 联结组以及把 Y/△-11 改为 Y/△-5 联结组?
（3）在不对称短路情况下，哪种联结的三相变压器电压中点偏移较大?

三、实验项目

（1）测定极性。
（2）连接并判定以下联结组。
① Y/Y-12。
② Y/Y-6。
③ Y/△-11。
④ Y/△-5。
（3）不对称短路。
① Y/Y0-12 单相短路。
② Y/Y-12 两相短路。

四、实验设备

（1）交流电压表、电流表、功率、功率因数表。
（2）可调电阻箱（NMEL-03/4）。
（3）旋转指示灯及开关（NMEL-05D）。
（4）三相变压器。

五、实验方法

实验步骤：

1. 绕组相间极性测定

（1）按照如图 2-19 所示接线，$1U_1$、$1U_2$间施加约 50%的额定电压，测出电压$U_{1V_1 \cdot 1V_2}$ 、$U_{1W_1 \cdot 1W_2}$ 、

$U_{1U_1 \cdot 1W_1}$，若 $U_{1U_1 \cdot 1W_1} = |U_{1V_1 \cdot 1V_2} - U_{1W_1 \cdot 1W_2}|$，则首末端标记正确；若 $U_{1U_1 \cdot 1W_1} = |U_{1V_1 \cdot 1V_2} + U_{1W_1 \cdot 1W_2}|$，则首末端标记不对，须将 V、W 两相任一相绕组的首末端标记对调。

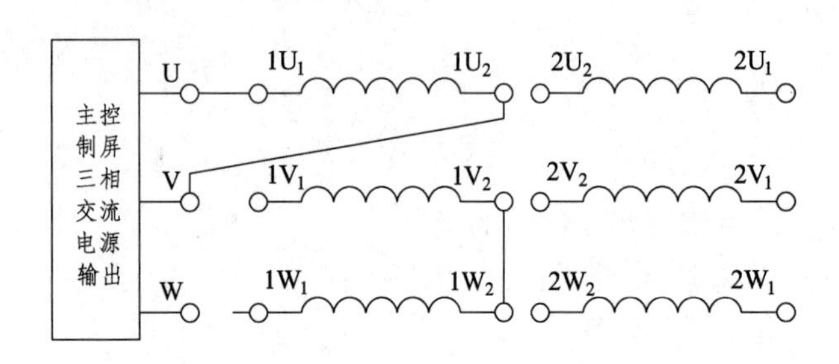

图 2-19　三相变压器相间极性实验接线

用同样方法，将 *V*、*W* 两相任一相施加电压，另外两相末端相连，定出每相首、末端正确的标记。

（2）一次侧、二次侧极性测定。

① 暂时标出三相低压绕组的标记 $2U_1$、$2V_1$、$2W_1$、$2U_2$、$2V_2$、$2W_2$，然后按照如图 2-20 接线。一次侧、二次侧中点用导线相连。

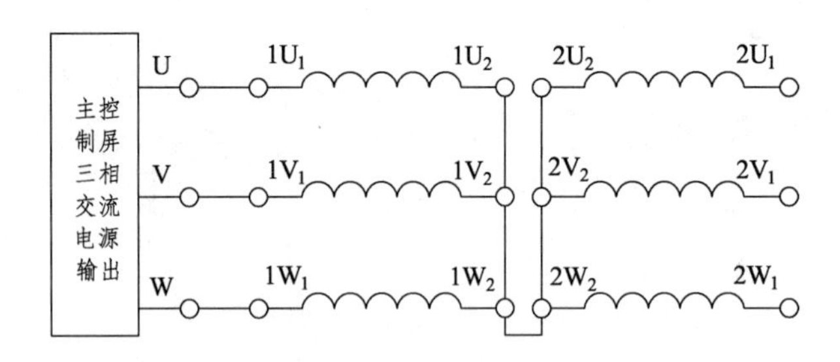

图 2-20　一次侧、二次侧极性测定实验接线

② 高压三相绕组施加约 50%的额定电压，测出电压 $U_{1U_1 \cdot 1U_2}$、$U_{1V_1 \cdot 1V_2}$、$U_{1W_1 \cdot 1W_2}$、$U_{2U_1 \cdot 2U_2}$、$U_{2V_1 \cdot 2V_2}$、$U_{2W_1 \cdot 2W_2}$、$U_{1U_1 \cdot 2U_1}$、$U_{1V_1 \cdot 2V_1}$、$U_{1W_1 \cdot 2W_1}$，若 $U_{1U_1 \cdot 2U_1} = U_{1U_1 \cdot 1U_2} - U_{2U_1 \cdot 2U_2}$，则 U 相高、低压绕组同柱，并且首端 $1U_1$ 与 $2U_1$ 点为同极性；$U_{1U_1 \cdot 2U_1} = U_{1U_1 \cdot 1U_2} + U_{2U_1 \cdot 2U_2}$，则 $1U_1$ 与 $2U_1$ 端点为异极性。

③ 用同样的方法判别出 $1V_1$、$1W_1$ 两相一次侧、二次侧的极性。高低压三相绕组的极性确定后，根据要求连接出不同的联结组。

2. 检验联结组

（1）Y/Y-12 联结实验。

按照如图 2-21 所示接线。$1U_1$、$2U_1$ 两端点用导线联结，在高压方施加三相对称的额定电压，测出 $U_{1U_1 \cdot 1V_1}$、$U_{2U_1 \cdot 2V_1}$、$U_{1V_1 \cdot 2V_1}$、$U_{1W_1 \cdot 2W_1}$ 及 $U_{1V_1 \cdot 2W_1}$，将数字记录于表 2-11 中。

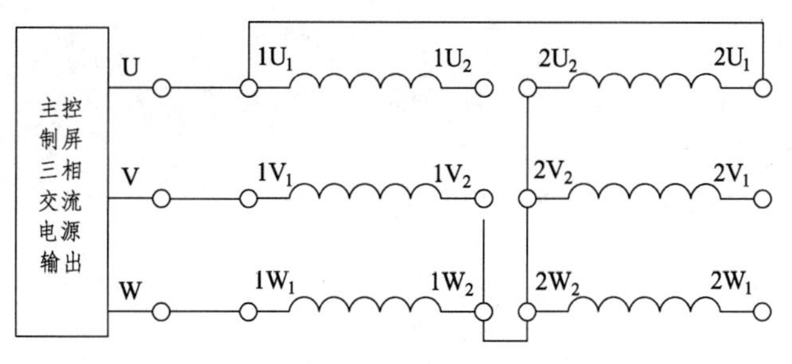

（a）接线

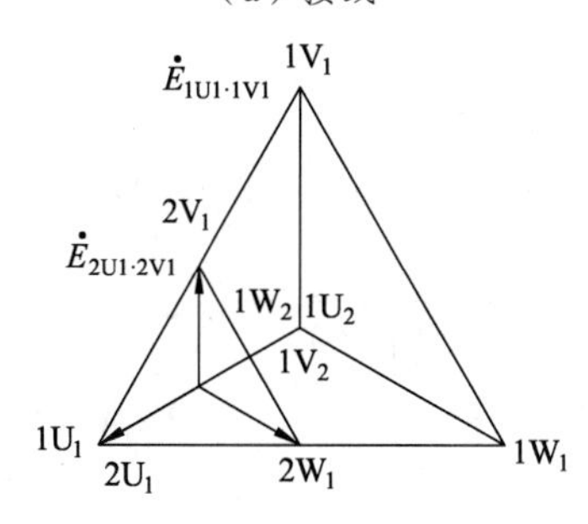

（b）电动势相量

图 2-21　Y/Y-12 联结组接线

表 2-11　测量表

实　验　数　据					计　算　数　据			
$U_{1U_1\cdot1V_1}$ /V	$U_{2U_1\cdot2V_1}$ /V	$U_{1V_1\cdot2V_1}$ /V	$U_{1W_1\cdot2W_1}$ /V	$U_{1V_1\cdot2W_1}$ /V	K_L	$U_{1V_1\cdot2V_1}$ /V	$U_{1W_1\cdot2W_1}$ /V	$U_{1V_1\cdot2W_1}$ /V

根据 Y/Y-12 联结组的电动势相量图可知：

$$U_{1V_1\cdot2V_1}=U_{1W_1\cdot2W_1}=(K_L-1)U_{2U_1\cdot2V_1}$$

$$U_{1V_1\cdot2W_1}=U_{2U_1\cdot2V_1}\sqrt{(K_L^2-K_L+1)}$$

$$K_L=\frac{U_{1U_1\cdot1V_1}}{U_{2U_1\cdot2V_1}}$$

若用两式计算出的电压$U_{1V_1\cdot2V_1}$、$U_{1W_1\cdot2W_1}$、$U_{1V_1\cdot2W_1}$的数值与实验测取的数值相同，则表示线图连接正常，属 Y/Y-12 联结组。

（2）Y/Y-6 联结实验。

实验接线如图 2-22 所示。

将 Y/Y-12 联结组的副边绕组首、末端标记对调，$1U_1$、$2U_1$ 两点用导线相联，如图 2-22 所示。

按前面方法测出电压$U_{1U_1\cdot1V_1}$、$U_{2U_1\cdot2V_1}$、$U_{1V_1\cdot2V_1}$、$U_{1W_1\cdot2W_1}$及$U_{1V_1\cdot2W_1}$，将数据记录于表 2-12 中。

根据 Y/Y-6 联结组的电动势相量图可得

$$U_{1V_1\cdot2V_1}=U_{1W_1\cdot2W_1}=(K_L+1)U_{2U_1\cdot2V_1}$$

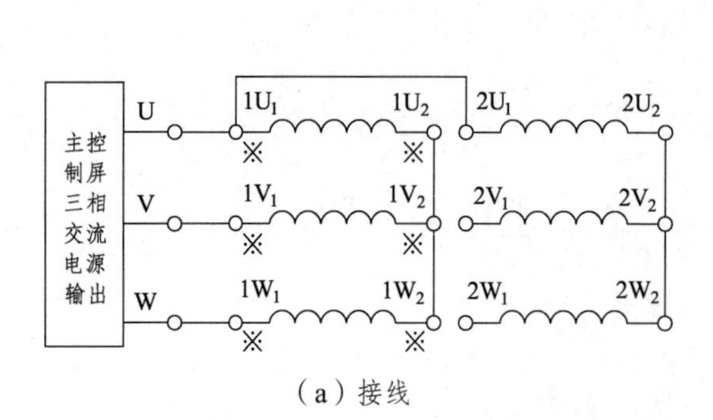

(a) 接线

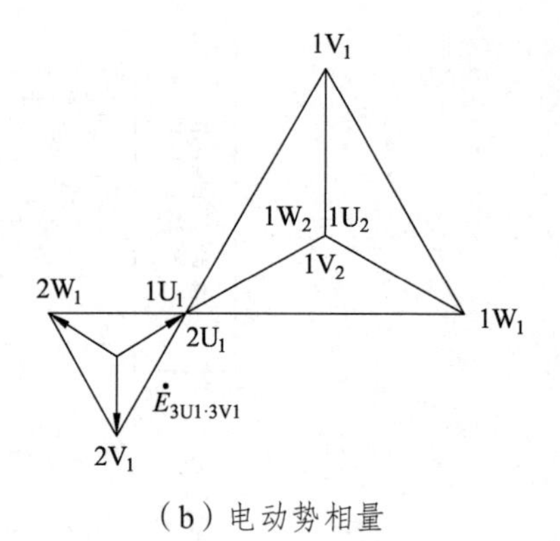

(b) 电动势相量

图 2-22　Y/Y-6 联结组接线

$$U_{1V_1 \cdot 2W_1} = U_{2U_1 \cdot 2V_1} \sqrt{(K_L^2 + K_L + 1)}$$

若由上两式计算出电压 $U_{1V_1 \cdot 2V_1}$、$U_{1W_1 \cdot 2W_1}$、$U_{1V_1 \cdot 2W_1}$ 的数值与实测相同，则线圈连接正确，属于 Y/Y-6 联结组。

表 2-12　测量表

实　验　数　据					计　算　数　据			
$U_{1U_1 \cdot 1V_1}$ /V	$U_{2U_1 \cdot 2V_1}$ /V	$U_{1V_1 \cdot 2V_1}$ /V	$U_{1W_1 \cdot 2W_1}$ /V	$U_{1V_1 \cdot 2W_1}$ /V	K_L	$U_{1V_1 \cdot 2V_1}$ /V	$U_{1W_1 \cdot 2W_1}$ /V	$U_{1V_1 \cdot 2W_1}$ /V

（3）Y/△-11 联结实验。

按如图 2-23 所示接线。$1U_1$、$2U_1$ 两端点用导线相连，高压侧施加对称额定电压，测取 $U_{1U_1 \cdot 1V_1}$、$U_{2U_1 \cdot 2V_1}$、$U_{1V_1 \cdot 2V_1}$、$U_{1W_1 \cdot 2W_1}$ 及 $U_{1V_1 \cdot 2W_1}$，将数据记录于表 2-13 中。

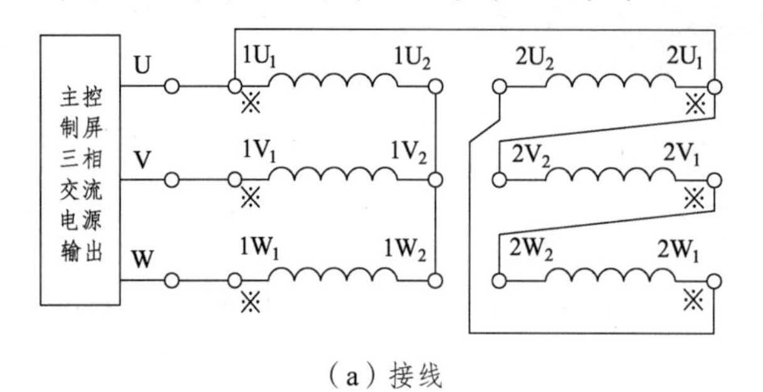

(a) 接线

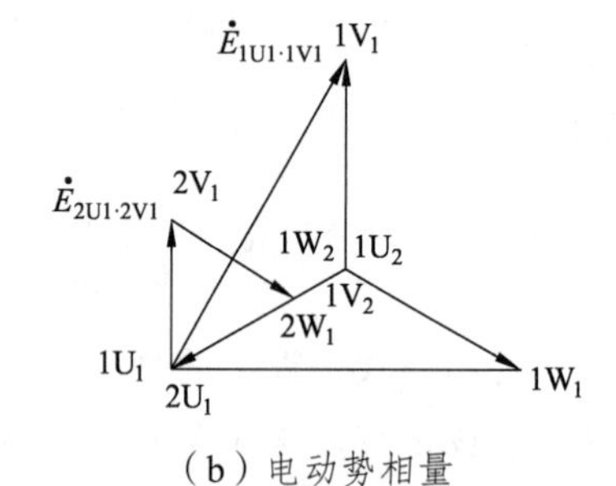

(b) 电动势相量

图 2-23　Y/△-11 联结组接线

表 2-13　测量表

实　验　数　据					计　算　数　据			
$U_{1U_1 \cdot 1V_1}$ /V	$U_{2U_1 \cdot 2V_1}$ /V	$U_{1V_1 \cdot 2V_1}$ /V	$U_{1W_1 \cdot 2W_1}$ /V	$U_{1V_1 \cdot 2W_1}$ /V	K_L	$U_{1V_1 \cdot 2V_1}$ /V	$U_{1W_1 \cdot 2W_1}$ /V	$U_{1V_1 \cdot 2W_1}$ /V

根据 Y/△-11 联结组的电动势相量可得

$$U_{1V_1 \cdot 2V_1} = U_{1W_1 \cdot 2W_1} = U_{1V_1 \cdot 2W_1} = U_{2U_1 \cdot 2V_1} \sqrt{K_L^2 - \sqrt{3} K_L + 1}$$

若由上式计算出的电压 $U_{1V_1 \cdot 2V_1}$、$U_{1W_1 \cdot 2W_1}$、$U_{1V_1 \cdot 2W_1}$ 的数值与实测值相同，则线圈连接正确，属 Y/△-11 联结组。

（4）Y/△-5 联结实验。

将 Y/△-11 联结组的副边线圈首、末端的标记对调，如图 2-24 所示。实验方法同前，测取 $U_{1U_1 \cdot 1V_1}$、$U_{2U_1 \cdot 2V_1}$、$U_{1V_1 \cdot 2V_1}$、$U_{1W_1 \cdot 2W_1}$、$U_{1V_1 \cdot 2W_1}$，将数据记录于表 2-14 中。

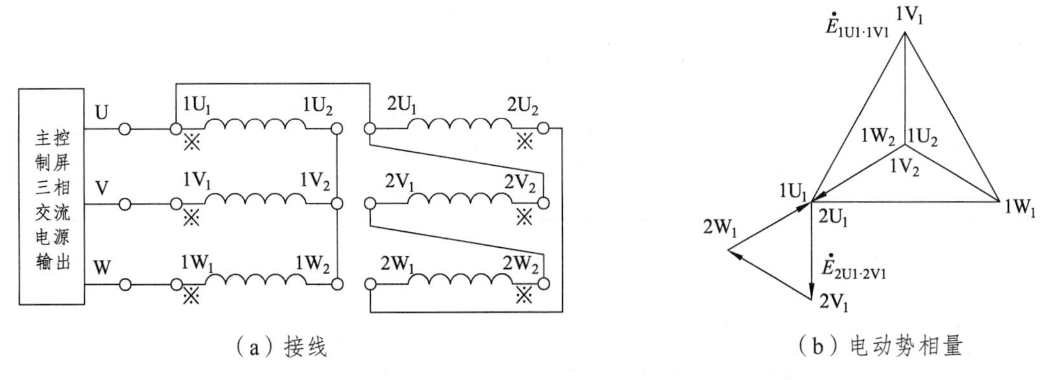

（a）接线　　（b）电动势相量

图 2-24　Y/△-5 联结组接线图

表 2-14　测量表

实　验　数　据					计　算　数　据			
$U_{1U_1 \cdot 1V_1}$ /V	$U_{2U_1 \cdot 2V_1}$ /V	$U_{1V_1 \cdot 2V_1}$ /V	$U_{1W_1 \cdot 2W_1}$ /V	$U_{1V_1 \cdot 2W_1}$ /V	K_L	$U_{1V_1 \cdot 2V_1}$ /V	$U_{1W_1 \cdot 2W_1}$ /V	$U_{1V_1 \cdot 2W_1}$ /V

根据 Y/△-5 联结组的电动势相量图可得

$$U_{1V_1 \cdot 2V_1} = U_{1W_1 \cdot 2W_1} = U_{1V_1 \cdot 2W_1} = U_{2U_1 \cdot 2V_1} \sqrt{K_L^2 + \sqrt{3} K_L + 1}$$

若计算出的电压 $U_{1V_1 \cdot 2V_1}$、$U_{1W_1 \cdot 2W_1}$、$U_{1V_1 \cdot 2W_1}$ 的数值与实测值相同，则线圈连接正确，属于 Y/△-5 联结组。

3. 不对称短路实验

（1）Y/Y0 连接单相短路。

实验线路如图 2-25 所示。被试变压器选用三相芯式变压器。接通电源前，先将交流电压调到输出电压为零的位置，然后接通电源，逐渐增加外施电压，直至二次侧短路电流 $I_{2K} \approx I_{2N}$ 为止，测取副边短路电流和相电压 I_{2K}、U_{3U_1}、U_{2V_1}、U_{2W_1} 一次侧电流和电压 I_{1U_1}、I_{1V_1}、I_{1W_1}、U_{1U_1}、U_{1V_1}、U_{1W_1}、$U_{1U_1 \cdot 1V_1}$、$U_{1V_1 \cdot 1W_1}$、$U_{1W_1 \cdot 1U_1}$，将数据记录于表 2-15 中。

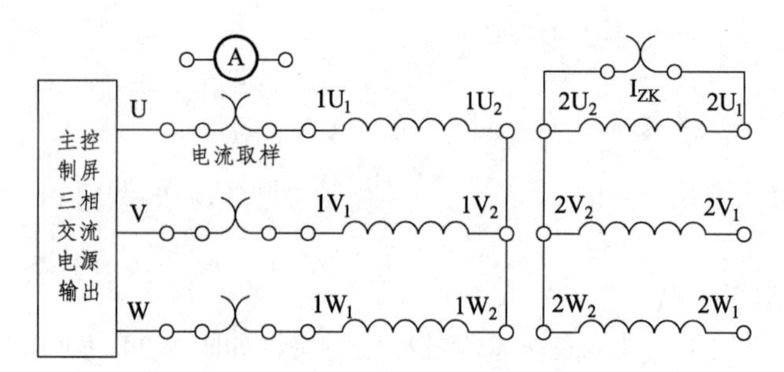

图 2-25　Y/Y0 连接单相短路接线

表 2-15　测量表

I_{2K}/A	U_{2U_1}/V	U_{2V_1}/V	U_{2W_1}/V	I_{1U_1}/A	I_{1V_1}/A	I_{1W_1}/A

U_{1U_1}/V	U_{1V_1}/V	U_{1W_1}/V	$U_{1U_1 \cdot 1V_1}$/V	$U_{1V_1 \cdot 1W_1}$/V	$U_{1W_1 \cdot 1U_1}$/V

（2）Y/Y 连接两相短路。

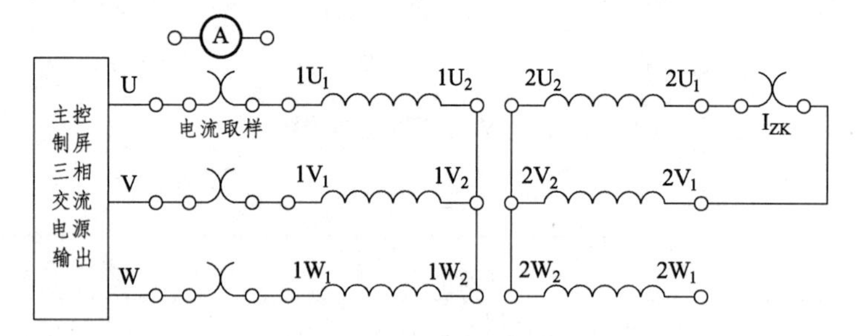

图 2-26　Y/Y 连接两相短路接线

实验线路如图 2-26 所示。接通三相变压器电源前，先将电压调至零，然后接通电源，逐渐增加外施电压，直至 $I_{2K} \approx I_{2N}$ 为止，测取变压器一次侧、二次侧电流和相电压 I_{2K}、U_{2U_1}、U_{2V_1}、U_{2W_1}、I_{1U_1}、I_{1V_1}、I_{1W_1}、U_{1U_1}、U_{1V_1}、U_{1W_1}，将数据记录于表 2-16 中。

表 2-16　测量表

I_{2K}/A	U_{2U_1}/V	U_{2V_1}/V	U_{2W_1}/V	I_{1U_1}/A

I_{1V_1}/A	I_{1W_1}/A	U_{1U_1}/V	U_{1V_1}/V	U_{1W_1}/V

六、实验报告

（1）计算出不同联结组时的 $U_{1V_1 \cdot 2V_1}$、$U_{1W_1 \cdot 2W_1}$、$U_{1V_1 \cdot 2W_1}$ 的数值与实测值进行比较，判别绕组连接是否正确。

（2）计算短路情况下的一次侧电流。

① Y/Y_0单相短路。

二次侧电流　$\dot{I}_{3U_1}=\dot{I}_{2K}, \dot{I}_{3V_1}=\dot{I}_{2W_1}=0$

一次侧电流，设略去激磁电流不计，则

$$\dot{I}_{1U_1}=-\frac{2\dot{I}_{2K}}{3K}, \dot{I}_{1V_1}=\dot{I}_{1W_1}=\frac{\dot{I}_{2K}}{3K}$$

式中，K为变压器的变比。

将I_{1U_1}、I_{1V_1}、I_{1W_1}计算值与实测值进行比较，分析产生误差的原因，并讨论 Y/Y_0三相芯式变压器带单相负载的能力以及中点移动的原因。

② Y/Y 两相短路。

二次侧电流　$\dot{I}_{3U_1}=-\dot{I}_{3V_1}=\dot{I}_{2K}, \dot{I}_{3W_1}=0$

一次侧电流　$\dot{I}_{1U_1}=-\dot{I}_{1V_1}=-\frac{\dot{I}_{2K}}{K}, \dot{I}_{1W_1}=0$

将I_{1U_1}、I_{1V_1}、I_{1W_1}计算值与实测值进行比较，分析产生误差的原因，并讨论 Y/Δ 带单相负载是否有中点移动的现象？为什么？

（3）分析不同连接法对三相变压器空载电流的影响。

（4）由实验数据算出 Y/Y 和 Y/Δ 接法时的一次侧$U_{1U_1 \cdot 1V_1}/U_{1U_1}$比值，分析产生差别的原因。

七、附录表（见表 2-17）

表 2-17　变压器联结组校核公式

（设$U_{3U_1 \cdot 3V_1}=1$，$U_{1U_1 \cdot 1V_1}=K_L U_{3U_1 \cdot 3V_1}=K_L$）

组别	$U_{1V_1 \cdot 3V_1}=U_{1W_1 \cdot 3W_1}$	$U_{1V_1 \cdot 3W_1}$	$U_{1V_1 \cdot 3W_1}/U_{1V_1 \cdot 3V_1}$
12	K_L-1	$\sqrt{K_L^2-K_L+1}$	>1
1	$\sqrt{K_L^2-\sqrt{3}K_L+1}$	$\sqrt{K_L^2+1}$	>1
2	$\sqrt{K_L^2-K_L+1}$	$\sqrt{K_L^2+K_L+1}$	>1
3	$\sqrt{K_L^2+1}$	$\sqrt{K_L^2+\sqrt{3}K_L+1}$	>1
4	$\sqrt{K_L^2+K+1}$	K_L+1	>1
5	$\sqrt{K_L^2+\sqrt{3}K_L+1}$	$\sqrt{K_L^2+\sqrt{3}K_L+1}$	1
6	K_L+1	$\sqrt{K_L^2+K_L+1}$	<1
7	$\sqrt{K_L^2-\sqrt{3}K_L+1}$	$\sqrt{K_L^2+1}$	<1
8	$\sqrt{K_L^2+K_L+1}$	$\sqrt{K_L^2-K_L+1}$	<1
9	$\sqrt{K_L^2+1}$	$\sqrt{K_L^2-\sqrt{3}K_L+1}$	<1
10	$\sqrt{K_L^2-K_L+1}$	K_L-1	<1
11	$\sqrt{K_L^2-\sqrt{3}K_L+1}$	$\sqrt{K_L^2-\sqrt{3}K_L+1}$	1

实验七　电流/电压互感器的接线实验

一、实验目的

（1）认知电流互感器与电压互感器的结构、型号。
（2）掌握电流互感器与电压互感器的接线方法。

二、实验原理

1. 互感器的功能

（1）用来使仪表、继电器等二次设备与主电路（一次电路）绝缘。这既可避免主电路的高电压直接引入仪表、继电器等二次设备，又可防止仪表、继电器等二次设备的故障影响主回路，提高一、二次电路的安全性和可靠性，并有利于人身安全。

（2）用来扩大仪表、继电器等二次设备的应用范围。通过采用不同变比的电流互感器，用一只 5 A 量程的电流表就可以测量任意大的电流。同样，通过采用不同变压比的电压互感器，用一只 100 V 量程的电压表就可以测量任意高的电压。而且由于采用互感器，可使二次仪表、继电器等设备的规格统一，有利于这些设备的批量生产。

2. 互感器（Transformer）

互感器是电流互感器与电压互感器的统称。从基本结构和工作原理来说，互感器就是一种特殊变压器。

3. 电流互感器（Current transformer，缩写为 CT，文字符号为 TA）

电流互感器是一种变换电流的仪用变压器，其二次侧额定电流一般为 5 A。

4. 电压互感器（Voltage transformer，缩写为 PT，文字符号为 TV）

电压互感器是一种变换电压的仪用变压器，其二次侧额定电压一般为 100 V。

三、实验项目

1. 认知互感器的结构

（1）电流互感器的基本结构原理如图 2-27 所示。它的结构特点：一次绕组匝数很少，有的型式电流互感器还没有一次绕组，而是利用穿过其铁心的一次电路作为一次绕组，且一次绕组导体相当粗，而二次绕组匝数很多，导体很细。工作时，一次绕组串联在一次电路中，而二次绕组则与仪表、继电器等电流线圈相串联，形成一个闭合回路。由于这些电流线圈的阻抗很小，因此电流互感器工作时二次回路接近于短路状态。其接线方式如图 2-28 所示。

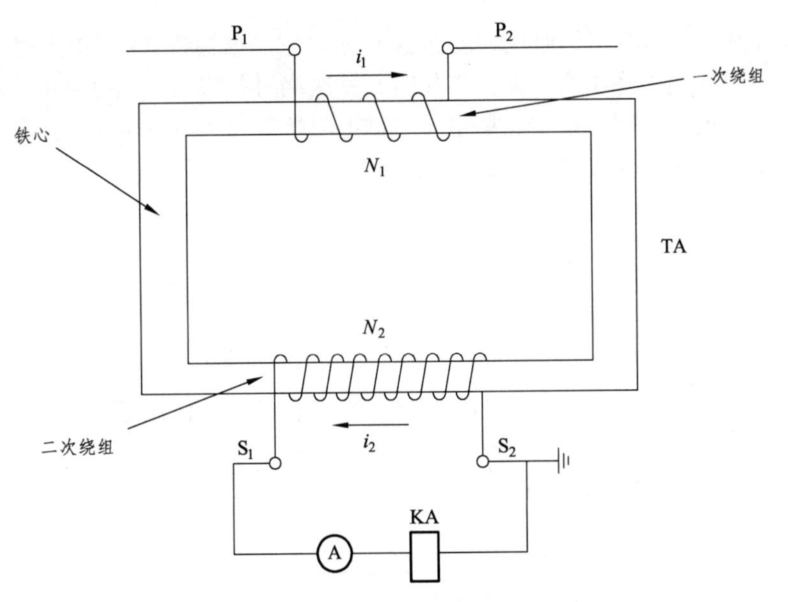

图 2-27　电流互感器的基本结构

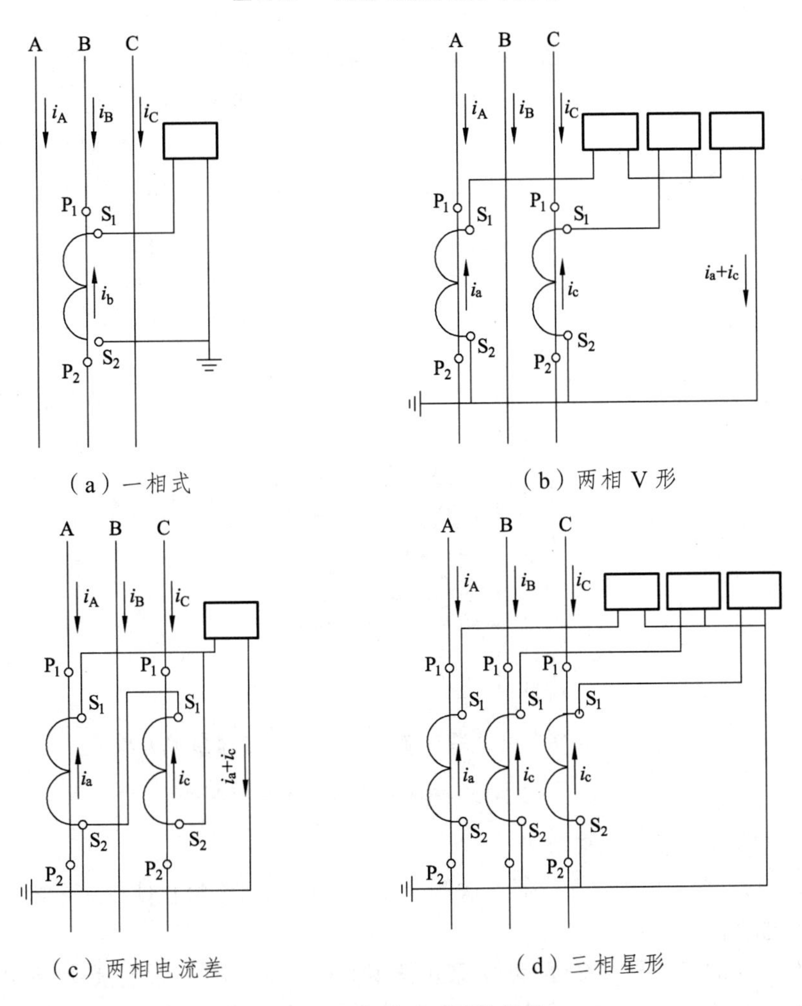

图 2-28　电流互感器的接线

（2）电压互感器的基本结构原理如图 2-29 所示。它的结构特点：一次绕组匝数很多，而二次侧绕组较少，相当于降压变压器。工作时，一次绕组并联在一次电路中，而二次绕组并联仪表、继电器的电压线圈。由于这些电压线圈的阻抗很大，所以电压互感器工作时二次绕组接近于空载状态。其接线方式如图 2-30 所示。

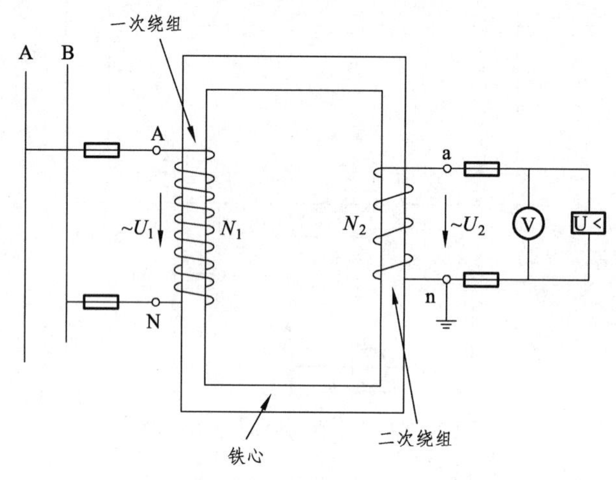

图 2-29　电压互感器的基本结构

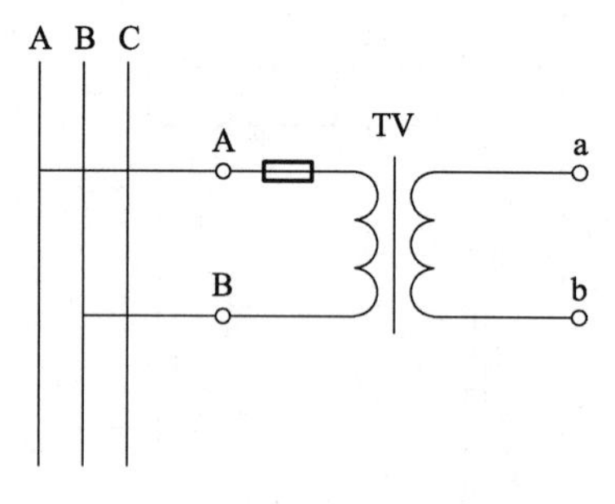

（a）一个单相电压互感器

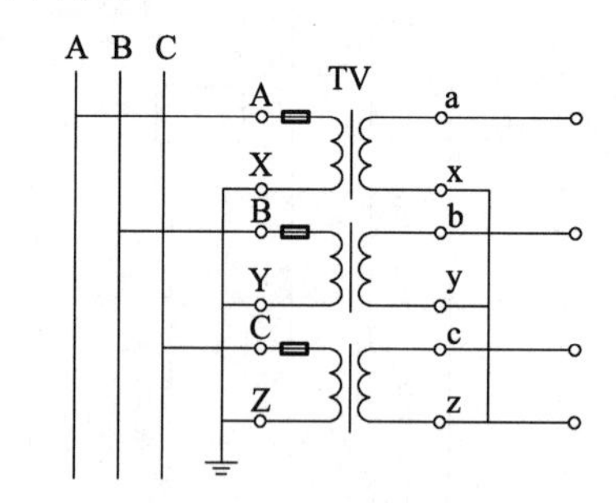

（b）三个单相电压互感器接成 Y_0/Y_0 形

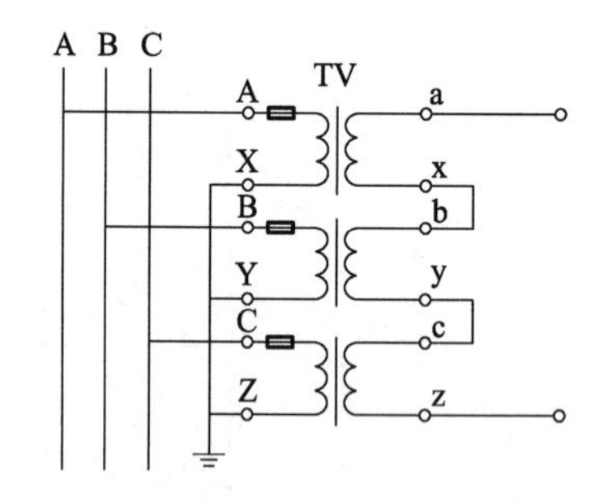

（c）三个单相电压互感器接成 $Y_0/\triangle$（开口三角形）形

图 2-30　电压互感器的接线

（3）电流互感器使用注意事项。

① 无论何时，严禁将电流互感器二次侧开路，二次侧回路禁止使用熔断器或保险丝，否则会带来高压危险。

② 电流互感器的二次侧需要短接时，禁止使用熔丝或一般导线缠绕，必须使用专用短接线。

③ 连接测量仪表时，必须注意电流互感器的极性，以免极性接错，造成测量错误。

④ 电流互感器的二次侧回路必须设置保护接地，而且只允许有一个接地点，以防止由于电流互感器一次侧绕组和二次侧绕组之间的绝缘击穿，二次侧回路串入高压危及人身安全和损坏设备。

⑤ 工作时，必须使用绝缘工具，站在绝缘垫上。

（4）电压互感器使用注意事项。

① 电压互感器在投入运行前要按照规程规定的项目进行实验检查。例如，测极性、连接组别、摇绝缘、核相序等。

② 电压互感器的接线应正确，一次绕组和被测电路并联，二次绕组应和所接的测量仪表、继电压互感器电保护装置或自动装置的电压线圈并联，同时要注意极性的正确性。

③ 接在电压互感器二次侧负荷的容量应合适，接在电压互感器二次侧的负荷不应超过其额定容量，否则，会使互感器的误差增大，难以达到测量的正确性。

④ 电压互感器二次侧不允许短路。由于电压互感器内阻抗很小，若二次回路短路时，会出现很大的电流，将损坏二次设备甚至危及人身安全。电压互感器可以在二次侧装设熔断器以保护其自身不因二次侧短路而损坏。在可能的情况下，一次侧也应装设熔断器以保护高压电网不因互感器高压绕组或引线故障危及一次系统的安全。

⑤ 为了确保人在接触测量仪表和时的安全，电压互感器二次绕组必须有一点接地。因为接地后，当一次和二次绕组间的绝缘损坏时，可以防止仪表和继电器出现高电压。

2. 了解互感器型号意义

（1）电流互感器的型号意义。

电流互感器的型号由字母符号及数字组成，其含义通常表示为电流互感器绕组类型、绝缘种类、使用场所及电压等级等。字母符号含义如下。

第一位字母：L—电流互感器。第二位字母：M—母线式（穿心式）；Q—线圈式；Y—低压式；D—单匝式；F—多匝式；A—穿墙式；R—装入式；C—瓷箱式；Z—支柱式；V—倒装式。第三位字母：K—塑料外壳式；Z—浇注式；W—户外式；G—改进型；C—瓷绝缘；P—中频；Q—气体绝缘。第四位字母：B—过流保护；D—差动保护；J—接地保护或加大容量；S—速饱和；Q—加强型。

例如：LMK-0.5S 型，表示使用于额定电压 500 V 及以下电路，塑料外壳的穿心式 S 级电流互感器。LA-10 型，表示使用于额定电压 10 kV 电路的穿墙式电流互感器。

（2）电压互感器型号意义。

电压互感器铭牌上常标有下列技术数据。

① 型号。由 3 ~ 4 个拼音字母及数字组成，通常它能表示出电压互感器的绕组型式、绝缘种类、铁心结构及使用场所等。字母后面的数字，表示电压等级（kV）。型号中字母的含义如下：

J—在第一位时，表示电压互感器；在第三位时表示油浸式；在第四位时，表示接地保护。

S—在第二位时表示三相；D—在第二位时表示单相；G—在第三位时表示干式；Z—在第三位时表示浇注式；W—在第四位时表示五铁心柱式。

B—在第四位时表示有补偿绕组的。

C—在第二位时表示串级绝缘，在第三位表示瓷绝缘。

② 变压比，常以一、二次绕组的额定电压标出。变压比 $K=U_{1N}/U_{2N}$。

③ 误差等级，即电压互感器变比误差的百分值，通常分为 0.2、0.5、1、3 级，使用时根

据负荷需要来选用。

④ 容量，包括额定容量和最大容量。所谓额定容量，是指在功率因数为 0.8 时，对应于不同准确度等级的伏安数。而最大容量则指满足绕组发热条件下，所允许的最大负荷（伏安数），当电压互感器按最大容量使用时，其准确度将超出规定数值。

⑤ 接线组别，表明电压互感器一、二次线电压的相位关系。通常三相电压互感器的接线组别均为 Y,yn12。

四、实验步骤

在系统屏右侧的互感器区 TV、TA，按照接线方案把互感器接成满足要求的接线形式。在本实验过程中装置不用上电。完成下列实验内容。

1. 电流互感器的接线实验

对照原理说明部分电流互感器的接线方案图 2-28 中（a）、（b）、（c）、（d）图，并把电流互感器接成满足下列要求的接线形式：

（1）一相式；

（2）两相 V 形；

（3）两相电流差；

（4）三相星形。

2. 电压互感器的接线实验

对照原理说明部分电压互感器的接线方案图 2-30 中（a）、（b）、（c）图，并把电压互感器接成满足下列要求的接线形式：

（1）一个单相电压互感器；

（2）三个单相电压互感器 Y_0/Y_0 形；

（3）三个单相电压互感器 $Y_0/\triangle$（开口三角形）形。

实验八　电流互感器的性能测量

一、实验目的

（1）了解测量用电流互感器的结构。

（2）学习电流互感器极性判断方法。

（3）学习变比测量方法。

二、实验原理与说明

电流互感器在原理上也与变压器相似，如图 2-31 所示。与电压互感器的主要差别：正常工作状态下，一、二次绕组上的压降很小（注意不是对地电压），相当于一个短路状态的变压器，所以铁心中的磁通 Φ 也很小，这时一、二次绕组的磁通势 F（$F=IW$）大小相等，方向相反。即

$$I_1W_1 = I_2W_2 \tag{2-1}$$

变换后可得

$$\frac{I_1}{I_2}=\frac{W_2}{W_1} \tag{2-2}$$

即电流互感器一、二次绕组之间的电流比与一、二次绕组的匝数成反比。

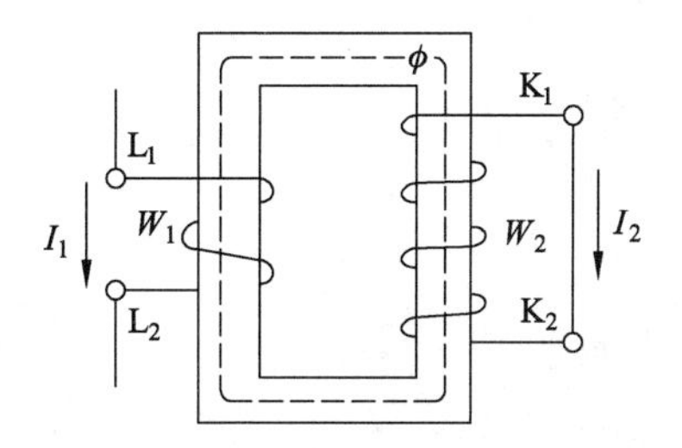

图 2-31　电流互感器的原理

三、实验设备（见表 2-18）

表 2-18　实验设备表

序号	名　称	型号与规格	数量	备　注
1	电流互感器	LMZJ1-0.66	1	0.5 级
2	电流互感器	LMZW-0.66	1	0.2 级
3	10 A 交流电流表		2	
4	兆欧表		1	
5	干电池		1	
6	直流毫伏表		1	

四、实验内容与步骤

1. 记录电能表铭牌

型号：	额定电压：
额定频率：	电流变比：
准确度等级：	额定负载：

2. 绝缘电阻测量

驱动兆欧表达到额定转速，或接通兆欧表电源开始测量，待指针稳定后（或 60 s），读取绝缘电阻值；读取绝缘电阻后，先断开接至被试绕组的连接线，然后再将绝缘电阻表停止运转。记录绝缘电阻。

一次绕组对二次绕组：

一次绕组对地：

二次绕组对地：

3. 极性检查

将 1 号干电池的“-”极接到一次绕组的尾端（X 或 L_2 端）；将二次绕组的 a 端（或 K_1 端）接到指针式直流毫伏表的“+”端，x 端（或 K_2 端）接到表的“-”端。当将干电池的“+”极接到一次绕组的首端 A 端（或 L_1 端）时，如果毫伏表指针向正方向摆动，则表明二次绕组极性正确，反之则不正确。此时，其他绕组应处于开路状态，如图 2-32 所示。

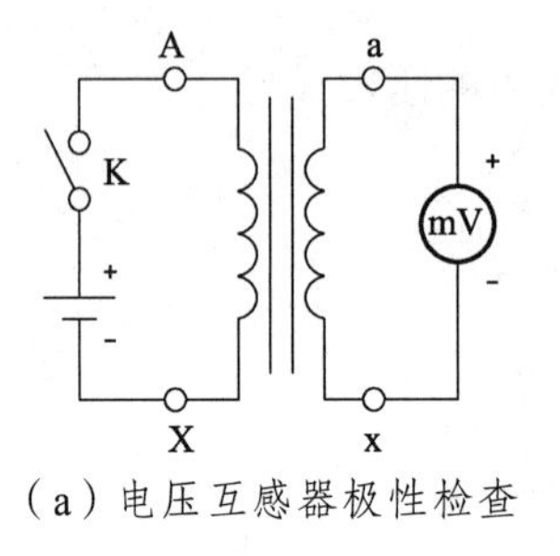

（a）电压互感器极性检查

（b）电流互感器极性检查

图 2-32　极性实验接线

4. 变比实验

由调压器及升流器等构成升流回路，待检 TA 一次绕组串入升流回路；同时用 TA0（0.2 级）和交流电流表测量加在一次绕组的电流 I_1，用另一块交流电流表测量待检二次绕组的电流 I_2，计算 I_1/I_2 的值，判断是否与铭牌上该绕组的额定电流比（I_{1n}/I_{2n}）相符，如图 2-33 所示。结果填入表 2-19。

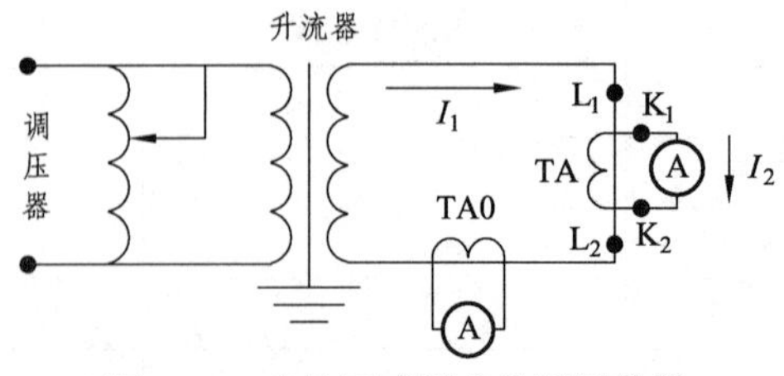

图 2-33　电流互感器变比测量接线

表 2-19 测量表

一次电流 I_1/A		5	10	15	20	25	30	35	40	45	50
二次电流/A	理论值 I_2	0.5	1	1.5	2	2.5	3	3.5	4	4.5	5
	测量值 i_2										
实际变比 I_{1n}/I_{2n}											
误差 γ/%											

误差计算方法：

$$\gamma = \frac{I_2 - i_2}{I_2} \times 100\%$$

五、注意事项

（1）检查极性时电流互感器接线本身的正负方向必须正确；检查时应先将毫伏表放在直流毫伏挡的一个较大挡位，根据指针摆动的幅度对挡位进行调整，使得既能观察到明确的摆动又不超量程打表；电池连通 2 ~ 3 s 后立即断开以防电池放电过量。

（2）测量绝缘电阻后，断开兆欧表后应对被试品放电接地。

（3）变比实验时，若电流互感器有多个二次绕组，测量某个二次绕组时，其余所有二次绕组均应短路，不得开路，根据待检 CT 的额定电流和升流器的升流能力选择量程合适的测量用 CT 和电流表。

六、实验报告

（1）按规定要求完成实验报告。

（2）分析测量误差产生的主要原因。

实验九　电压互感器性能测试

一、测量绝缘电阻

《电气设备预防性实验规程》未对电压互感器的绝缘电阻标准做规定。通常测量方法与变压器绝缘电阻测量方法类似。

1. 工具选择

一次绕组：2 500 V 兆欧表。
二次绕组：1 000 V 兆欧表或 2 500 V 兆欧表。

2. 步　骤

（1）断开互感器外侧电源。
（2）用放电棒分别对一次侧和二次侧接地充分放电。
（3）擦拭变压器瓷瓶。
（4）遥测高压侧对地绝缘电阻：
① 所有二次侧短接，并接地；
② 拆开一次侧中性点接地端；
③ 短接一次侧，并对地遥测绝缘值；
④ 记录数据；
⑤ 用放电棒分别对一次侧和二次侧接地充分放电。
（5）用放电棒分别对 ABC 接地充分放电。
（6）遥测低压侧对地绝缘电阻（一般有星形和开口三角）：
① 短接一次侧，并接地；
② 拆开二次侧中性点接地端；
③ 短接二次侧，并对地遥测绝缘值；
④ 记录数据；
⑤ 用放电棒分别对一次侧和二次侧接地充分放电。
（7）用放电棒分别对二次侧接地充分放电。
（8）遥测高压对低压绝缘电阻：
① 拆开一次侧中性点接地端；
② 拆开二次侧中性点接地端；
③ 分别短接一次和二次侧，并遥测高压对低压间的绝缘值；
④ 记录数据；
⑤ 用放电棒分别对一次侧和二次侧接地充分放电。
（9）遥测低压对低压绝缘电阻：
① 拆开二次侧中性点接地端；

② 分别短接星形二次侧和开口三角形二次侧；
③ 一次侧短接，并接地；
④ 遥测低压对低压间的绝缘值；
⑤ 记录数据；
⑥ 用放电棒分别对一次侧和二次侧接地充分放电。

二、测量直流电阻

1. 电流、电压表法

2. 平衡电桥法（电桥用法可以参见《进网作业规程》）

（1）单臂电桥法：$1 \sim 10^{6}\Omega$。
（2）双臂电桥法：$1 \sim 10^{-5}\Omega$ 及以下。

3. 注意事项

（1）测量仪表的准确度≥0.5 级；
（2）连接导线接触面积足够，导线长度尽量短；
（3）测量直流电阻时，其他非被测相绕组均短路接地。

4. 测量结果的判断（电桥用法可以参见《进网作业规程》）

5. 测量的相间差与制造厂或以前相应部位测量的相间差比较无显著差别

三、测量介质损失

只对 35 kV 及以上电压互感器的一次绕组连同套管，测量 $\tan\delta$。

1. 工具选择

QS1 型或 QS2 型高压交流平衡电桥，又称为“西林电桥”。

QS1 电桥的技术特性：额定电压 10 kV；$\tan\delta$ 测量范围：0.5% ~ 60%；试品测量范围：Cx 为 30 pF ~ 0.4 μF（当 CN=50 pF 时）；测量误差 $\tan\delta$ 在 0.5% ~ 3%时≤±0.3%，$\tan\delta$ 在 0.3% ~ 6%时≤±10%；Cx 测量误差≤±5%。

2. 高压测量（三种方法）

（1）正接线方法，如图 2-34 所示。

正接线是按照电桥设计的绝缘状态，高压部分接实验高压，低压部分接实验低压，接地部分接地。

桥体引线“C_X”“C_N”“E”处于低压，该引线可任意放置，不需使其“绝缘”。

（2）反接线方法。反接线与电桥设计的绝缘状态成反相接线，高压部分接地，接地部分接实验高压。

桥体引线“C_X”“C_N”“E”处于高压，同时标准电容 C_N 外壳处于高压，因此在实验时，该引线须“绝缘”。这种接法适用于被测试品一极接地的情况。

（3）对角线接法，很少应用，见《进网作业电工培训教材》。

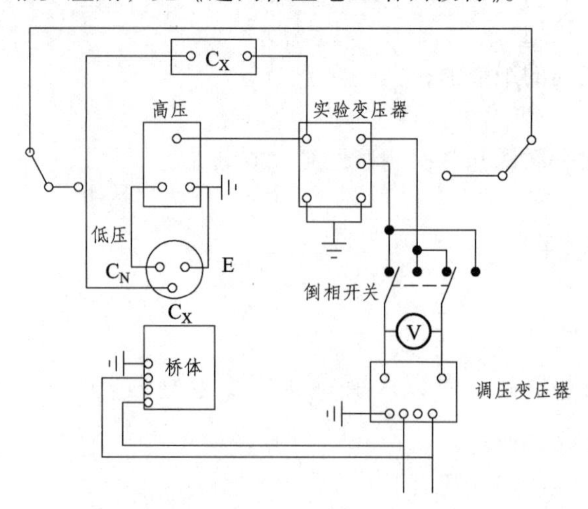

图 2-34　正接线电路

3. 低压测量（见《进网作业电工培训教材》）

4. “-tanδ”位置时的测量（见《进网作业电工培训教材》）

5. 测量 tanδ 操作步骤

（1）用放电棒分别对一次侧和二次侧接地充分放电；
（2）接线并检查无误后，将各旋钮置于零位，选好分流位置；
（3）接通电源，加试电压，将“+tanδ”置于“接通”位置；
（4）增加检流计灵敏度，旋“调谐”旋钮，找到谐点后，调节 R_3 使光带缩小；
（5）提高灵敏度，再顺序反复调节 R_3、C_4（tanδ），使灵敏度在最大时光带宽度缩小；
（6）调节 R_X，可使光带达最小，此时电桥平衡，可记录实验数据，填入表 2-20；
（7）用放电棒分别对 ABC 和 abc 接地充分放电。

表 2-20　测量 tanδ 的实验电源容量的选择

试品名称	套管电流互感器 电压互感器	电力变压器 电压互感器 耦合电容器 小型电机	发电机 同步补偿机 大电机 中等长度电缆	长电缆 电力电容
电容量/pF	1 000	10 000	100 000	1 000 000
电源变压器次级线圈最大允许电流/mA	5	50	500	5000
电压 10 kV 时变压器容量/（kV·A）	0.05	0.5	5	50

6. 测量电压互感器 tanδ

（1）测量时被测绕组两端短接，非被测绕组均要短路接地。
（2）测量绕组和接地部位。
（3）35 kV 油浸电压互感器的 tanδ 允许值（单位：%）如表 2-21 所示。

表 2-21　35 kV 油浸电压互感器的 tanδ 允许值

温度/ °C	5	10	20	30	40	50	60
Tanδ/%	≤2.0	≤2.5	≤3.5	≤5.5	≤8.0	≤6.0	≤8.0

四、核定极性

1. 直流法

（1）工具选择。

5 ~ 3 V 直流电池、开关 K、毫伏表

（2）步骤。

① 用放电棒分别对一次和二次接地充分放电；

② 按图接线，并检查无误；

③ 合上 K，观察瞬间毫伏表指针的偏转方向；

④ 断开 K，观察瞬间毫伏表指针的偏转方向；

⑤ 重复第③、④步，再做一遍；

⑥ 用放电棒分别对一次和二次接地充分放电。

（3）判断，如图 2-35 所示。

① 合上 K，右偏；断开 K，左偏，则为同极性（减极性）。

② 合上 K，左偏；断开 K，右偏，则为异极性（加极性）。

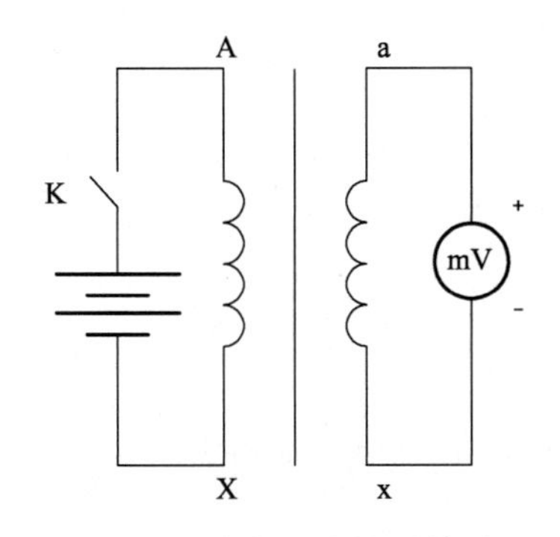

图 2-35　极性判断电路接线

2. 交流法（见《进网作业电工培训教材》）

（1）工具选择。

220 V 交流电源、20 V 交流电源、开关 K_1、开关 K_2、电压表 1、电压表 2、电压表 3。

（2）步骤。

① 用放电棒分别对一次和二次接地充分放电；

② 连接线；

③ 合上 K_1 和 K_2，记录 U_{xX}、U_{Ax} 和 U_{ax}；

④ 用放电棒分别对一次和二次接地充分放电。

（3）判断，如图 2-36 所示。

① $U_{xX}=U_{Ax}-U_{ax}$时，为同极性；
② $U_{xX}=U_{Ax}+U_{ax}$时，为异极性。

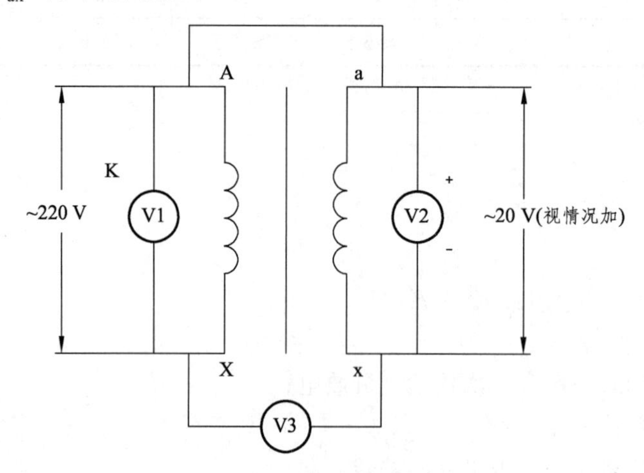

图 2-36　极性判断电路接线

五、联结组别

测量方法基本与变压器类似。

1. 实验方法

（1）直流法（参见相关资料）;
（2）相位法（参见相关资料）;
（3）双电压表法。
① 工具选择。
0.5 级电压表 V1、V2。
② 步骤。
a. 接线如图 2-37 所示；
b. 用放电棒分别对 ABC 和 abc 接地充分放电；
c. 按图接线，并检查无误；
d. 在高压侧加降低的三相实验电压（不平衡度<2%）;
e. 如果 $K>20$，则在低压侧加降低的三相实验电压；
f. 用万用表分别测量 U_{Bb}、U_{Cc}、U_{Bc}、U_{Cb}；
g. 用放电棒分别对 ABC 和 abc 接地充分放电。

2. 判　断

电力系统常用变压器多为 11 组和 0 组，可用以下方法进行判断。

如果 $U_{Bb}<U_{Bc}=U_{Cb}$，且全部<V1，则为 0 组。（也可用下式计算判断：$U_{Bb}=V2(K-1)$，$U_{Bc}=U_{cb}=V2\sqrt{1+K+K^2}$；其中 K 为变比，V2 为低压侧线电压）

如果 $U_{Bb}=U_{Bc}<V1$，而 $U_{cb}>V1$，则为 11 组。

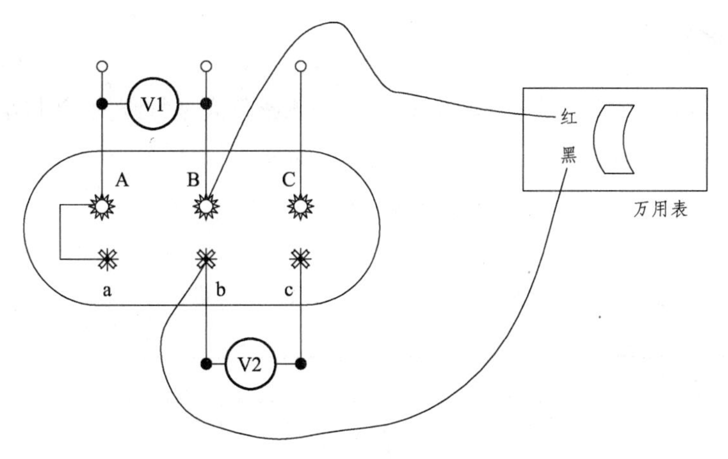

图 2-37　联结组别判定接线

六、交流耐压

1. 工具选择

实验变压器 B_s；保护电阻 R_1；限流、阻尼电阻 R_2；保护间隙（球隙）G；电流表 A；电压表 V；电流互感器 LH；被试互感器 B_x。

2. 实验接线图

如图 2-38 所示，被试互感器各绕组短接，非被试绕组均短接接地。

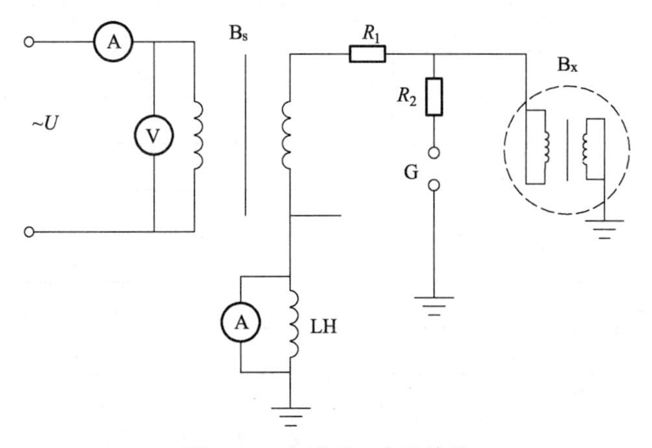

图 2-38　交流耐压实验接线

3. 步　骤

（1）高压对低压及地。

缓慢升压至实验电压，并密切注意倾听放电声音，密切观察各表计的变化，读取 1 min 的电流值，并记录。

（2）用放电棒分别对 ABC 接地充分放电。

（3）低压对高压及地。缓慢升压至实验电压，并密切注意倾听放电声音，密切观察各表计的变化，读取 1 min 的电流值，并做好记录。

（4）用放电棒分别对 abc 接地充分放电。

七、实验报告

熟悉实验用的电压互感器结构、规格型号，使用测量仪表进行测试，并将结果填入表 2-22。

表 2-22　实验报告表

<u>电压互感器实验报告</u>　　电试--05

工程名称：____________________　装置地点：______________　实验日期：___年___月 ___日

主回路名称：__________　盘　号：_________　温度：___°C　湿度：___%RH

委托单位：______________________　执行标准：GB 50150—2006

<table>
<tr><td colspan="4">一、铭牌数据</td></tr>
<tr><td>型号：</td><td colspan="2">变比：</td><td>额定负荷：</td></tr>
<tr><td>额定电压：　　kV</td><td>级别：</td><td>制造厂：</td><td>出厂日期：　年　月</td></tr>
</table>

<table>
<tr><td colspan="4">二、直流、绝缘电阻、极性检查：</td><td colspan="4">使用仪表：</td></tr>
<tr><td rowspan="3">厂号、相别</td><td colspan="7">项目</td></tr>
<tr><td>直流电阻/Ω</td><td colspan="5">绝缘电阻/MΩ</td><td>极性检查</td></tr>
<tr><td>一次绕组</td><td>一次对地</td><td>二次对地</td><td>开口对地</td><td>高对低</td><td>低对低</td><td>是否减极性</td></tr>
<tr><td></td><td></td><td></td><td></td><td></td><td></td><td></td><td></td></tr>
<tr><td></td><td></td><td></td><td></td><td></td><td></td><td></td><td></td></tr>
</table>

<table>
<tr><td colspan="4">三、变比及接线组别检查：</td><td colspan="3">使用仪表：</td></tr>
<tr><td rowspan="2">厂号（相别）</td><td>名称</td><td colspan="3">实测值/V</td><td rowspan="2">变比与铭牌是否符合</td><td rowspan="2">接线组别检查</td></tr>
<tr><td>U_e/%</td><td>80</td><td>100</td><td>120</td></tr>
<tr><td rowspan="2">A</td><td>二次</td><td></td><td></td><td></td><td></td><td rowspan="6"></td></tr>
<tr><td>开口</td><td></td><td></td><td></td><td></td></tr>
<tr><td rowspan="2">B</td><td>二次</td><td></td><td></td><td></td><td></td></tr>
<tr><td>开口</td><td></td><td></td><td></td><td></td></tr>
<tr><td rowspan="2">C</td><td>二次</td><td></td><td></td><td></td><td></td></tr>
<tr><td>开口</td><td></td><td></td><td></td><td></td></tr>
</table>

<table>
<tr><td colspan="3">四、空载实验、交流耐压及介质损失角正切值：</td><td colspan="2">使用仪器：</td></tr>
<tr><td>名称</td><td>空载电流测量</td><td>交流耐压实验</td><td>tanδ/%</td><td>备注</td></tr>
<tr><td>A</td><td>V　　A</td><td>kV　　1 min</td><td></td><td rowspan="3"></td></tr>
<tr><td>B</td><td>V　　A</td><td>kV　　1 min</td><td></td></tr>
<tr><td>C</td><td>V　　A</td><td>kV　　1 min</td><td></td></tr>
<tr><td colspan="5">五、结论及其他：</td></tr>
</table>

实验人：　　　　　　　　复核人：

实验十　变压器常见故障分析与处理

小型单相电源变压器在使用过程中，由于装配和绝缘不良、电源或负载等不正常变化，有可能发生各种故障。小型变压器的故障主要是铁心和绕组故障。

1. 检查步骤

无论新装变压器，还是检修后的变压器，在投入运行前必须仔细严格地检查。

（1）检查外观。

变压器引出线有无断线、虚焊，绝缘材料有无烧焦、损坏，通电后有无焦味、冒烟和异常声响等情况出现。若发现异常，应加以排除之后再重检。

（2）绕组通断和短路检查。

用万用表电阻挡直接判断绕组的通断情况。检验绕组有否短路，可用一只灯泡与被测绕组串联，其电压和功率可根据变压器的容量来确定，通电后通过观察灯泡的亮暗程度来判断绕组内部有无短路。

（3）绝缘强度检查。

用 1 000 V 兆欧表测量绕组之间、绕组与铁心之间的绝缘电阻，一般不低于 10 MΩ。

（4）空载电压检查。

变压器一次侧绕组接上额定电压，测定二次侧绕组输出的空载电压。一般误差应在±（3%～5%）范围内。

（5）温升检查。

变压器接入额定负载，通电一至数小时，测变压器温度，一般应在 40～50 °C。若加电压后不久便很烫手或出现冒烟、有焦味等情况，说明绕组有短路现象，应立即停电检查。

2. 常见故障检修

（1）电源接通后无电压输出。

① 故障原因。

a. 电源插头或馈线断路。

b. 一次侧绕组开路或引出线脱焊。

c. 二次侧绕组开路或引出线脱焊。

② 故障处理。

a. 用万用表电阻挡检查电源插头与馈线之间、馈线与变压器绕组之间电路是否接通。

b. 检查电源插头与插座是否接触良好。

c. 用万用表电阻挡检测变压器一次侧、二次侧绕组是否开路，引出线是否开路。

若确认是变压器绕组不通，一般情况下是变压器引出端头折断。如果折断线头在绕组外层，可先将变压器烤热，使绝缘漆软化，用小针在断线处挑出线头，用多股软线重新焊好，并处理好焊点处的绝缘。如果折断线头在绕组内层，则必须拆除铁心，用针小心挑出线头，焊好引出线，用万用表检查后处理好绝缘，再插入铁心。

由于变压器本身要求叠压得紧密，绕组与铁心又一起浸渍过绝缘漆，因此在拆卸开始几片硅钢片是比较困难的，不同的铁心形状有不同的拆卸方法。下面以 E 字形硅钢片为例简述拆卸步骤。

a. 将变压器置于 80 ~ 100 °C 温度下，烘烤 1 ~ 2 h，使绝缘漆软化。

b. 用螺钉旋具先插送并拆卸两端横条。

c. 取一断锯条，并将其磨制成如图 2-39（a）所示形状。

d. 按如图 2-39（b）所示，在变压器下方垫入一木块，外面预留几条硅钢片，用断锯条顶住硅钢片的舌端，再用小锤轻轻敲击锯条，使舌片后推。

e. 待舌片往后推出 3 ~ 4 mm 后，即可用钢丝钳钳住中柱部位，抽出 E 字形片。

f. 当拆出 5 ~ 6 片后，即可用钢丝钳或手逐片抽出。

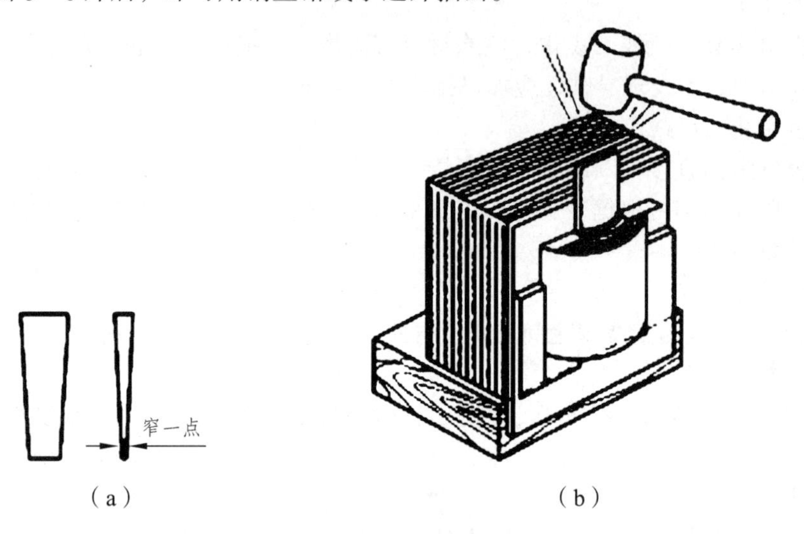

图 2-39　用锯条拆卸硅钢片

（2）温度过高或冒烟。

① 故障原因。

a. 绕组匝间短路或一次侧、二次侧绕组间短路。

b. 绕组匝间或层间绝缘老化。

c. 硅钢片间绝缘严重变差。

d. 负载过重。

② 故障处理。

a. 一次侧、二次侧绕组间短路。可用万用表欧姆挡或兆欧表直接检测。若绝缘电阻趋于零或低于正常值，可以确认一次侧、二次侧绕组短路。

匝间短路和层间短路可用万用表测量各二次侧空载电压来判定。一次侧绕组通电后，若二次侧绕组输出电压明显偏离正常值，说明该绕组存在短路。

变压器发热但各绕组输出电压基本正常，这可能是静电屏蔽层自身短路。

无论是匝间、层间、一次侧和二次侧绕组及静电屏蔽层自身的短路，均应拆下铁心，拆换绕组或修理短路部分。

b. 铁心片间绝缘损坏。拆下硅钢片，清除硅钢片表面残漆，重新绝缘处理后再装配上去。

c. 负载过重或输出电路局部短路。这不是变压器本身问题，只要减轻负载或排除输出电路上的短路故障即可。

（3）运行中有声响。

① 故障原因。

a. 铁心未插紧。

b. 电源电压过高。

c. 负载过重或短路引起振动发声。

② 故障处理。

a. 先要判断是机械噪声还是电磁噪声，如果是机械噪声，那就是铁心没有插紧。可用台虎钳将铁心夹住，夹紧钳口，插入同规格的硅钢片，直到完全插紧。重新接上 220 V 交流电源，加上额定负载进行实验，直到无响声为止。

b. 用万用表交流电压挡检查电源电压判定电源电压是否过高，测量二次侧输出电压判断其是否正常，寻找故障部位，进行修复。

（4）铁心或外壳带电。

① 故障原因。

a. 一次侧、二次侧绕组对地短路或一次侧、二次侧绕组匝间短路。

b. 绕组对地绝缘老化。

c. 引出线裸露部分碰触铁心或外壳。

d. 绕组受潮或外壳感应带电。

② 故障处理。

a. 对于短路和绝缘故障可用兆欧表来测量一次侧、二次侧绕组分别与地之间的绝缘电阻来判断。若绝缘电阻明显低于正常值，可将变压器进行烘烤。干燥后绝缘电阻恢复正常，说明是绕组受潮造成，只要在预烘后重新浸渍烘干。若干燥后，绝缘电阻没有恢复，这可能是上述第 1 种原因造成，这时只有拆下铁心，拆换修理绕组。

b. 引出线头裸露部分碰触铁心或外壳，一般通过仔细观察后可直接看出。只需在裸露部分包扎好绝缘材料或套上绝缘管，即可排除故障。

3. 实验报告

（1）单相变压器按照绕组分有哪几种形式？各有什么功能？

（2）单相变压器常见电气故障有哪些？

（3）控制用小型变压器通常输出电压有哪些？经常使用于哪些场所？

第三章

异步电动机基础实验

实验一　交流电动机反向起动实验

一、实验目的

加深理解交流电动机反向起动的工作原理。

二、实验内容

交流电动机反向起动。

三、实验线路（见图 3-1）

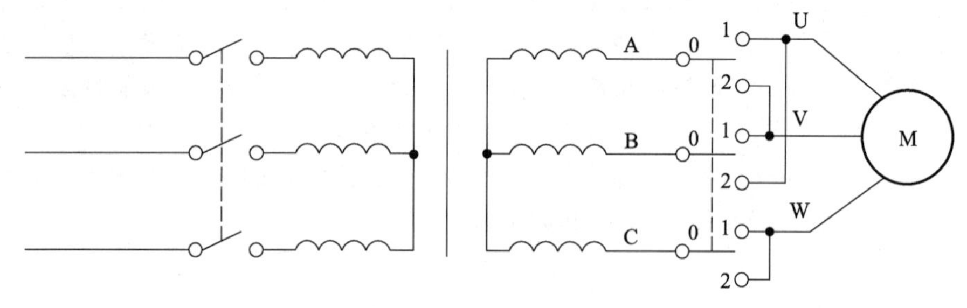

图 3-1　三相交流异步电动机反向起动电路

四、实验设备及仪器

DJK-1 型交直流调速实验装置一台；
直流电动机—发电机机组一组；
可调负载箱一个；
记忆示波器一台或普通示波器一台；
万用表一块；
180 W 三相交流异步电动机一台。

五、实验原理

异步电动机的旋转方向始终与旋转磁场的方向一致，而旋转磁场的方向又取决于异步电动机的三相电流相序。因此，三相异步电动机的转向与电流的相序一致。要改变转向，只需改变电流的相序即可，即任意对调异步电动机的两根电源相线，便可使电动机反转。

六、实验步骤

（1）对照图 3-1，使用工具和导线，按照电工操作工艺，自己接线。经指导老师检验无误后，方可合闸供电。

（2）把万能转换开关打到 1 挡位，使电动机达到稳定转速后，记下此时的转速 n，并认真记录实验台上交流电流表的数值，大致画出正转时的机械特性。

（3）把万能转换开关打到 2 挡位，此时交流电机开始反向运转，记下此时的转速 n，并认真记录实验台上交流电流表的数值，大致画出反转时的机械特性。

（4）观察电动机反向运行的实验现象，并分析该实验原理，比较三相交流异步电动机正转、反转的机械特性。

七、实验要求与报告

（1）实验前一定要预习课本与实验指导书。

（2）分析三相交流异步电动机反向起动的工作原理。

（3）画出三相交流异步电动机反向起动的机械特性。

（4）总结三相交流异步电动机实现换向的方法。

实验二　交流电动机机械特性的测试（设计性实验）

一、实验目的

加深理解交流电机的工作原理；自己设计实验电路。

二、实验内容

测试交流电动机的机械特性。

三、实验设备及仪器

DJK-1 型交直流调速实验装置一台；
直流电动机—发电机机组一组；
可调负载箱一个；
记忆示波器一台或普通示波器一台；
万用表一块；
三相交流异步电动机（180 W）一台。

四、实验提示

（1）当定子电压降低时，T_{em}（包括 T_{st} 和 T_{max}）随 U_{12} 呈正比减小，S_m 和 n_1 与 U_1 无关而保持不变；

（2）实验台主控面板上的 U、V、W 为交流电动机的三相输入，A、B、C 为隔离变压器输出。

五、实验要求

（1）接好线经检验无误后，合闸开电。

（2）接通电源电压 AC 380 V，调节可调负载 R，分 5 ~ 6 次进行实验，同时准确记录下不同负载时的转速 n，填入表 3-1“负载变化与转速变化关系”中，并分析其变化情况。

（3）降低电源电压至 350 V、320 V，分别按照上述方法进行实验，分析电动机在不同电压时的人为机械特性。

表 3-1　负载变化与转速变化关系

380 V	R					
	n					

六、实验报告

（1）根据实验结果你得出何种结论？

（2）交流电动机的人为机械特性有何特点？

（3）画出实验电路图并阐述工作原理。

实验三　三相交流异步电动机的继电器-接触器基本控制

一、实验目的

（1）熟悉常用的电工仪表、电工工具的使用方法。
（2）掌握中低压电气元件的使用方法和在电路中的作用。
（3）掌握异步电动机运行线路中的保护装置设置。
（4）掌握异步电动机点动式、长动式、换向、调速、制动等基本控制电路的安装与使用。
（5）掌握使用仪表进行故障检测、排除的方法。
（6）熟悉 PLC、变频器的使用。

二、预习要点

（1）常用中低压电气元件的结构，在控制电路中的作用、使用方法。
（2）常用电气元件的电气图形符号和基本的控制电路工作原理。
（3）异步电动机控制电路中自锁、互锁、联锁的概念和作用。

三、实验项目

1. 手动直接起动实验
2. 点动式控制实验
3. 长动式单向运转控制实验
4. 接触器互锁的异步电动机可逆运行控制实验
5. 按钮互锁接触器的可逆运行控制实验
6. 交流接触器-时间继电器-降压电阻起动实验
7. 星形-三角形（Y-△）自动降压起动实验
8. 两台三相异步电动机的顺序控制实验
9. 三相异步电动机变频调速实验
10. 三相异步电动机降压及电源反接制动实验
11. 三相异步电动机能耗制动实验

四、实验设备

（1）三相五线制电源、专用实验台。

（2）380V、180W 三相交流笼型异步电动机、LA-5 型按钮、CJ2-20 交流接触器、DK-10 刀闸开关、RT05 熔断器、JR-10 热继电器、JS 时间继电器、ϕ1.5 mm 导线若干。

（3）电磁式电压表（400 V）、电流表（5 A）、500 MΩ 兆欧表、数字式万用表、试电笔、钳形电流表等电工仪表和各类螺丝刀、剥线钳、尖嘴钳、绝缘胶带等电工工具及耗材。

五、实验内容及步骤

实验前，按实验要求连接好异步电动机的三相绕组。检查电工工具、仪表、导线、电气元件是否完好。

1. 手动直接起动实验

按照如图 3-2 所示进行电路连接。首先将实验所用的电路元件进行固定，再将熔断器、刀闸开关、异步电动机按照原理图正确连接，线路连接完后，用万用表进行线路检查，待检查完好后，将熔断器进线端与三相电源连接。闭合刀闸开关，电动机开始运转。

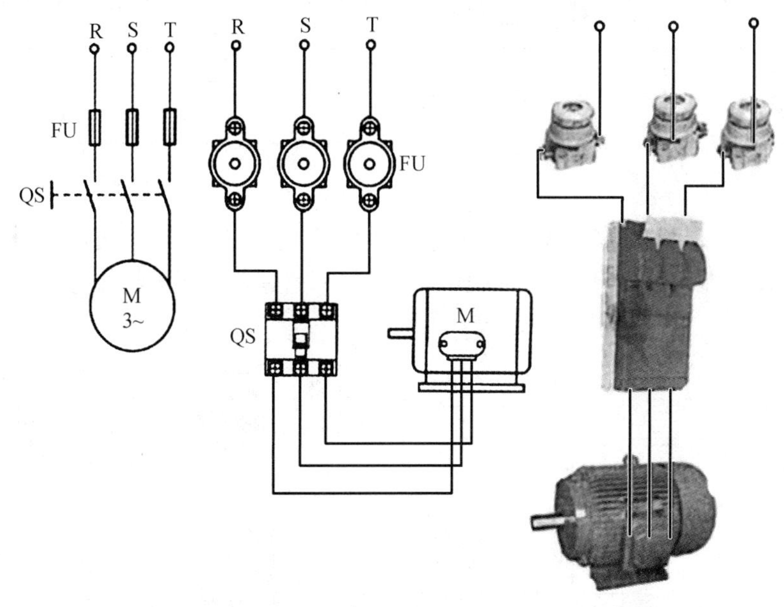

图 3-2　笼型异步电动机直接起动控制线路的原理、接线、实物

工艺要求：三相电路中的导线，按照黄、绿、红三种颜色对应配置；所有接线端，剥线钳制作线头时，导线裸露长度应在 2 ~ 3 mm；线头导电部分压入接线端子后，不允许出现线头裸露现象；导线选用的长短要合适，不能过短或过长，把握节约原则；所有导线布置时，要求横平竖直、牢固且美观。

注意：通电前，必须严格检查线路连接的正确性；禁止短路、漏电。待线路检查完好后，方可送电运行。

该方法适合于功率 10 kW 以下、控制要求不高的场合，如机床上的冷却泵、小型台钻、砂轮机等小容量的电动机。

实验报告：

（1）使用摇表测量异步电动机的对地绝缘电阻和相间绝缘电阻，填入表 3-2。

表 3-2　电动机参数及绝缘电阻

电动机额定值				兆欧表		绝缘电阻/MΩ					
功率/kW	电流/A	电压/V	绕组接法	型号	规格	U-V之间	U-W之间	V-W之间	U相对地	V相对地	W相对地

（2）使用钳形电流表测量三相异步电动机的起动电流、工作电流和缺相运行电流，将相关测量数值填入表 3-3。进行缺相实验时特别要注意：在电动机处于正常运行状态时，人为去除一相熔断器，再用仪表测量相关电流。缺相运行时间要尽可能短，否则会因缺相运行时间过长，导致电动机发热量过大，造成烧毁电动机的事故。

表 3-3　异步电动机的电流测量

钳形电流表		起动电流		工作电流		导线钳口绕两匝后的空载电流		缺相运行电流			
型号	规格	量程	读数	量程	读数	量程	读数	量程	读数		
									U 相	V 相	W 相

2. 点动式控制实验

点动式控制电路是利用简单的控制电路来控制主电路，完成电动机的直接起动。该控制方法适用于只需要短时间运转的电动机控制，如试车、提升或下放物体等场所。工作原理如图 3-3 所示。

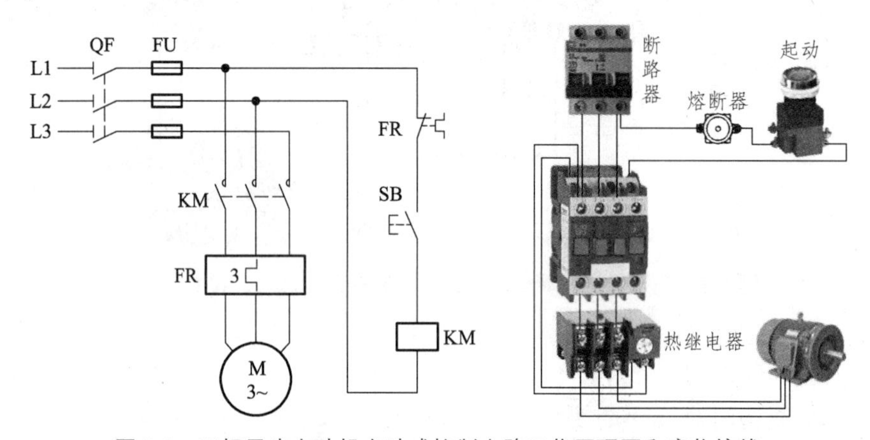

图 3-3　三相异步电动机点动式控制电路工作原理图和实物接线

工作原理：合上空气开关 QF，按下起动按钮 SB。控制电路：电流由电源 L1→FU→热继电器 FR 常闭触点→起动按钮 SB→线圈 KM→电源 L2→交流接触器 KM 吸合线圈吸合→交流接触器 KM 的主触点 KM 闭合；主电路中：三相电源的电流流经 KM 和 FR 的主触点进入三相交流异步电动机 M，使之转动。停止时，松开按钮 SB，线圈 KM 断电，交流接触器的主触点 KM 从闭合状态断开，使电动机 M 停止工作。

操作要求：实验中必须熟知 180 W 三相交流电机、三相电源（380 V）、CJ-40 型交流接触器、JR2 热继电器、TA1 按钮的功能、接线方法。使用万用表检测接触器、热继电器等元件的触点类别，区分出常开和常闭状态，并熟悉接线要点。

实验报告：

（1）工作电压低于额定电压的 15%时，按下按钮，电机还会运转吗？交流接触在电路中起到什么保护作用？

（2）如何判断接触器的常开、常闭触点？

（3）填写实验器材表 3-4。

表 3-4　实验电气元件的参数

实验用器材	型号规格	数量	主触点数量
空气开关			
熔断器			
交流接触器			
按钮			
热继电器			

3. 长动式单向运转控制实验

该电路适用于异步电动机长期单向运转的控制。

（1）实验步骤。

按照如图 3-4 所示选择需要的电路元件，固定电路元件，按工艺要求进行配线、联结电路，使用万用表进行线路检查，待完好无误后，送电运行。

实验分析：在点动控制电路的基础上，将交流接触器 KM 的一对常开触点与起动按钮 SB2 并联，同时在控制电路中增加一个停止按钮 SB1。工作原理为合上电源开关 QS，按下起动按钮 SB2。控制电路中，电流 L1 经 FU2、SB1、SB2、线圈 KM 回到电源 L2。控制电路中的 KM 触点闭合，主电路中的 KM 触点闭合，电动机 M 运转。断开起动按钮 SB2，此时控制电路的电流经过闭合触点 KM，使得线圈 KM 有电维持吸合状态，主电路继续有电，电动机继续工作。这就是“自保”功能。按下按钮 SB1，断开控制电路的电流，使得交流接触器主触点 KM 断开，电动机停止运转。电路中的 FU1、FU2 起短路保护作用，交流接触器线圈工作时，必须要有额定工作电压。当电源电压太低或停电时，交流接触器的线圈不能吸合相关触点，因此交流接触器在电路中具有失压或欠压的保护作用。

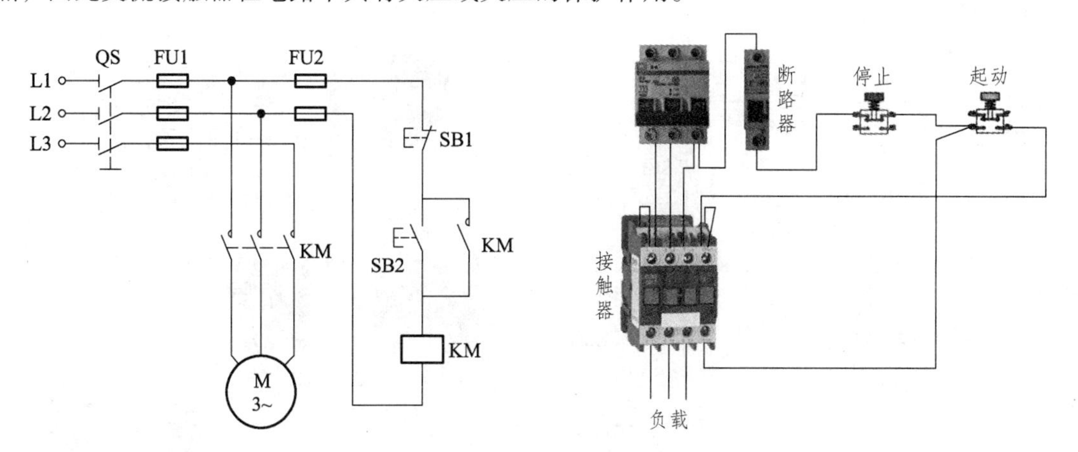

图 3-4　三相异步电动机长动式单向运转控制原理和实物接线

（2）实验报告。

按照要求连接线路，使用钳形电流表测量三相异步电动机的相关参数，并填入表 3-5。

表 3-5　钳形电流表测三相电动机电流、电压

钳形电流表		单根导线空载电流/A		导线在钳口绕两匝后的空载电流/A		电动机运行电压/V
型号	规格	仪表量程	仪表读数	仪表量程	仪表读数	

4. 接触器互锁的异步电动机可逆运行控制实验

实际生产中，许多机械设备需要进行两个方向的转动。比如建筑行业的电梯、搅拌机、提升机、电动葫芦等，机加工设备车床、钻床等，这就要求电动机能够正反转运行。

三相异步电动机的换向原理：只需将三相电源的任意两个相线对调即可实现电动机的正反转功能。

（1）实验步骤。

按照如图 3-5 所示进行线路连接。电路分析：主电路中，将三相电源中的两相 A、B 在交流接触器 KM1 和 KM2 的一端的对调位置；控制电路中 KM1 线圈回路串入 KM2 的常闭辅助触点，KM2 线圈回路串入 KM1 的常闭触点。当正转接触器 KM1 线圈通电动作后，KM1 的辅助常闭触点断开了 KM2 线圈回路，若使 KM1 得电吸合，必须先使 KM2 断电释放，其辅助常闭触头复位，这就防止了 KM1、KM2 同时吸合造成相间短路，这一线路环节称为互锁环节。互锁环节具有禁止功能在线路中起安全保护作用。按下 SB2，线圈 KM1 有电，控制电路中的 KM1 触点闭合，形成自锁，主电路主触点 KM1 吸合，电动机正转；按下 SB1，电动机停止运转；按下 SB3，线圈 KM2 有电，控制电路中的 KM2 触点闭合，形成自锁，主电路主触点 KM2 吸合，电动机反转；按下 SB1，电动机停止运转。电路中热继电器具有过载保护的作用，当电动机超负载运行时，热继电器在控制电路中的辅助常闭触点断开，使得控制电路中的交流接触器的线圈失电，从而停止电动机的运转。

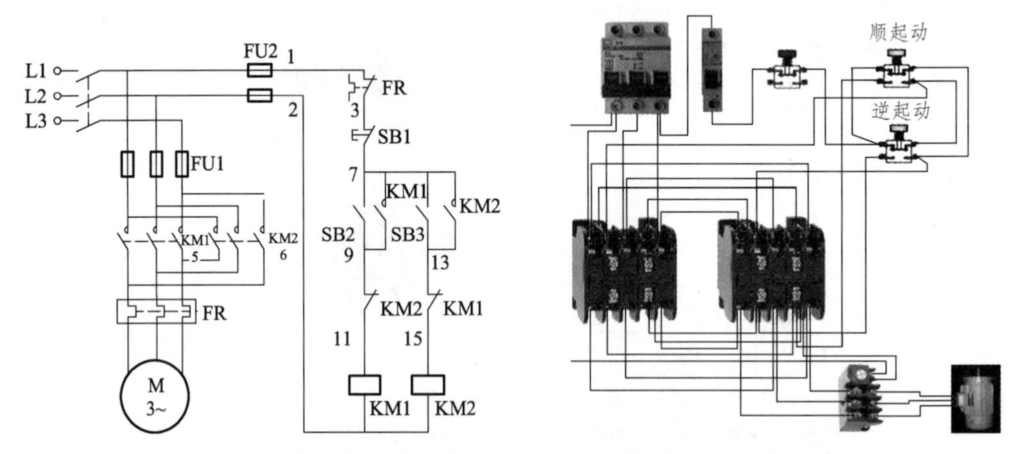

图 3-5　接触器互锁的异步电动机可逆运行控制原理和实物接线

（2）实验报告。

① 自锁和互锁在接线时有什么不同？

② 异步电动机的换向位置，放到接触器上方和下方有何不同？

③ 在控制电路中，为何选用热继电器的常闭触点？

④ 实验电路中，哪些触点实现互锁？哪些触点实现自锁？熔断器和热继电器在电路中起什么作用？

⑤ 如何设置热继电器的过载电流大小？

5. 按钮互锁接触器的可逆运行控制实验

如图 3-6 所示为利用控制按钮互锁操作的正反传控制电路，按钮 SB1、SB2 都具有一对常开触点、一对常闭触点，这两个触点分别与 KM1、KM2 线圈回路连接。例如按钮 SB2 的常开触点与接触器 KM2 线圈串联，而常闭触点与接触器 KM1 线圈回路串联。按钮 SB1 的常开触点与接触器 KM1 线圈串联，而常闭触点压与 KM2 线圈回路串联。这样当按下 SB2 时只能有接触器 KM2 的线圈可以通电而 KM1 断电，按下 SB1 时只能有接触器 KM1 的线圈可以通电而 KM2 断电，如果同时按下 SB2 和 SB3 则两只接触器线圈都不能通电。这样就起到了互锁的作用。电动机工作原理同前面实验一样。

（1）实验步骤。

按照如图 3-6 所示进行线路连接。操作工艺要求同前面实验要求一样。

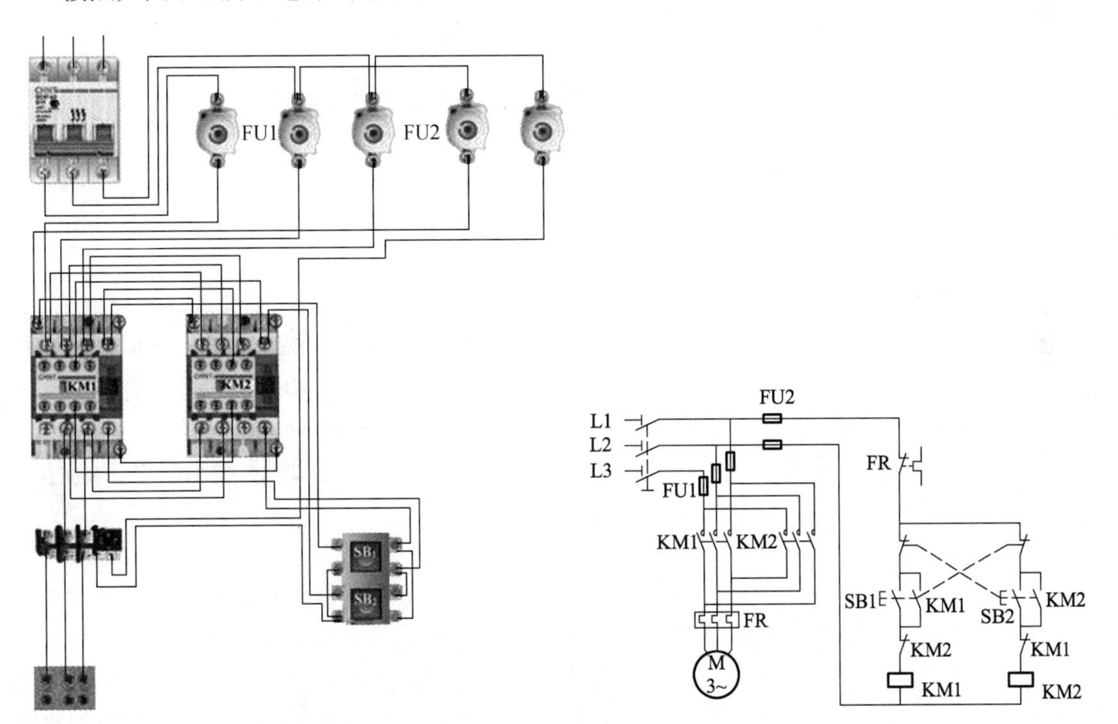

图 3-6　按钮互锁接触器的可逆运行控制实物接线和原理

（2）实验报告。

① 将按钮互锁与接触器互锁正反转电路作比较，哪个电路的运行稳定性较好？哪种电路的保护更可靠？

② 控制电路中的熔断器和主电路中的熔断器参数一样吗？如何选择熔断器？

6. 交流接触器-时间继电器-降压电阻起动实验

（1）实验预习。

① 什么是电动机的直接起动和降压起动？大功率电动机为何不能采用直接起动？

② 采用降压起动时，异步电动机定子绕组的相电压有何变化？在这种情况下，电动机能够满足生产需要吗？

③ 降压起动时，电动机能否满负载运行？对电动机负载有何要求？

（2）实验步骤。

按照如图 3-7 所示，选择实验所需要的电路元件；按照电工操作工艺进行线路连接；通电前进行线路的完好检查。

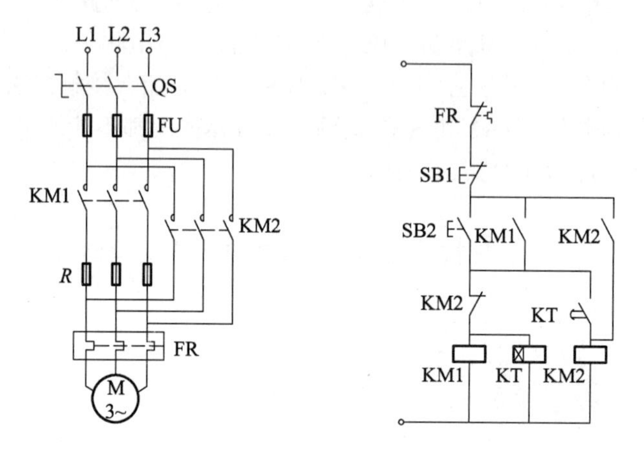

图 3-7　交流接触器-时间继电器-降压电阻起动电路

（3）实验原理。

合上 QS，按下 SB2，KM1 线圈得电，KM1 主触点闭合，同时 KM1 辅助常开触点闭合，实现自锁，时间继电器 KT 线圈得电，异步电动机 M 串电阻 R 进行降压起动。当时间继电器 KT 设定的延时时间到时，KT 常开触点闭合，接触器 KM2 线圈得电并自锁，接触器 KM2 的主触点闭合，同时 KM2 辅助常闭触点断开，接触器 KM1、KT 线圈失电，接触器 KM1 主电路的触点断开，异步电动机 M 进行全压运转。停止时，按下 SB1，KM2 线圈断电，KM2 主触点断开、辅助触点恢复原位，异步电动机 M 停止运行。

（4）实验结论。

采用定子绕组串联电阻起动，虽然减小了定子的起动电流，但是在起动过程中电动机的起动转矩较小，因此该方法只能适用于异步笼型电动机轻载或空载情况下起动。需要重载起动时，绕线型转子的三相异步电动机可以采用三相转子串联电阻的方法，因为三相异步电动机转子电阻增加时能保持最大的转矩，所以选择适当的起动电阻可以使异步绕线型电动机在起动时获得最大起动转矩。

（5）实验注意事项。

① 正确连接时间继电器，设置动作时间为 1 ~ 2 s；不能太长，否则电动机绕组上的电流过大，容易烧毁电动机。

② 线路元件的连接要牢固。

③ 通电时，要注意安全用电。

（6）实验报告。

① 画出笼型异步电动机定子绕组串电阻起动的电路图。

② 能否在重载时使用本实验方法起动？

③ 与直接起动相比较，该方法的优点是什么？

④ 分析笼型异步电动机定子绕组串电阻起动与绕线型异步电动机转子绕组串电阻起动的特点。

7. 星形-三角形（Y-△）自动降压起动实验

（1）实验预习。

① 三相交流异步电动机绕组的连接方式有哪些？不同连接方式下电动机绕组的端电压怎样变化？

② 什么是自锁？什么是互锁？电路中如何实现自锁？如何实现互锁？

（2）实验原理。

如图 3-8 所示为 Y-△自动起动电路。自动控制电路由按钮、交流接触器、时间继电器组成。自动控制电路的工作原理：按下起动按钮 SB1，KM1、KM2 得电吸合，KM1 自锁，电动机星形起动，待电动机转速接近额定转速时，按下 SB2，KM2 断电，KM3 得电并自锁，电动机转换成三角形全压运行。

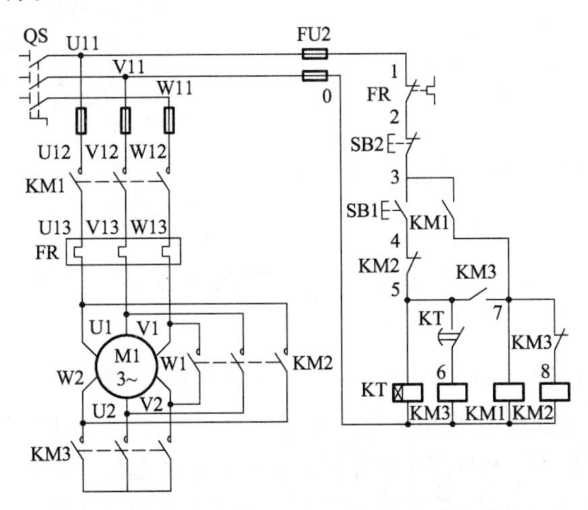

图 3-8　异步电动机 Y-△自动起动电路

（3）实验结论。

采用 Y-△起动时，起动电流只是原来按三角形接法直接起动时的 1/3。如果直接起动时的起动电流以（6 ~ 7）I_N计，则在 Y-△起动时，起动电流是额定电流的（2 ~ 2.3）倍。同时起动电压也只是原来三角形接法直接起动时的 $\frac{1}{\sqrt{3}}$。起动电流降低了，起动转矩也降为原来按三角形接法直接起动时的 1/3。由此可见，采用 Y-△起动方式时，电流特性很好，而转矩特性较差，所以该起动方式只适用于无载或者轻载起动的场合。

实验注意事项：同实验 6 要求一样。

（4）实验报告。

① 星形-三角形（Y-△）自动降压起动电路，适用于哪些生产场所？这种电路起动时，能

否允许电动机在重载情况下进行？

② 使用钳形电流表分别测量异步电动机在起动瞬间和正常运行时的三相电流，将测量结果填入表 3-6。

表 3-6　Y-△两种运行状态的电流测量

电动机运行方式	I_U	I_V	I_W	三相电流不平衡值/%
星形（Y）				
三角形（△）				

8. 两台三相异步电动机的顺序起动实验

（1）实验步骤。

如图 3-9 所示，选定元件、连接电路，线路检查完好后，通电运行。

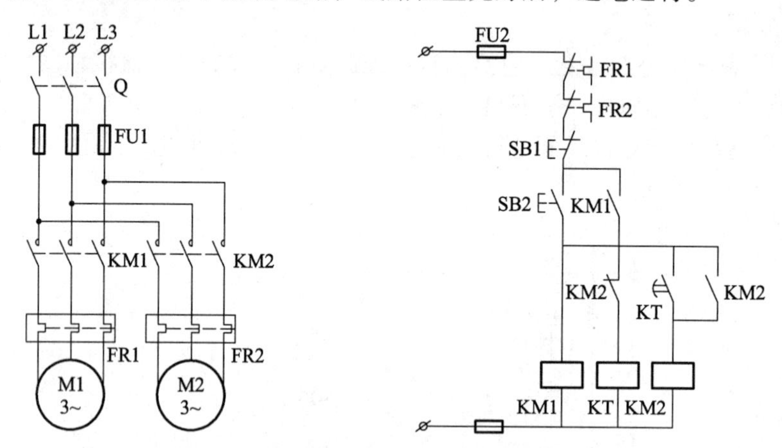

图 3-9　一个按钮控制两台电动机的顺序起动电路

（2）实验原理。

起动时：按下起动按钮 SB2→KM1 得电吸合，常开辅助触头 KM1 闭合自保→电动机 M1 起动运转→时间继电器 KT 得电吸合→到达设定的延时时间后，延时闭合动合触头闭合→KM2 得电吸合，自锁常开辅助触头 KM2 闭合自保→电动机 M2 起动运转→KM2 常闭辅助触头断开→时间继电器 KT 失电释放，其延时闭合瞬间断开动合触头立即断开→整个电路完成起动过程。停止时：按下停止按钮 SB1→控制电路失电，各个控制器件复位并断开主回路→电动机停止运转。

（3）实验分析。

利用一个按钮控制两台电动机进行顺序起动，必须在电路中加入一个时间继电器作为延时起动第二台电机。

（4）注意事项。

由于电动机在起动时的电流可达到额定电流的 4 ~ 7 倍，连续长时间起动会产生大量的热量，容易烧毁电动机绝缘而造成短路。因此使用时，起动时间尽量短。每次起动时间不超过 5 s，若第一次不能起动，应停歇 10 ~ 15 s 再进行第二次起动。

（5）实验报告。

① 绘制两台三相异步电动机顺序起动的工作原理图。

② 根据电气控制线路，选择实验所需元器件并进行性能测试。填写实验元件参数表 3-7。

表 3-7　实验元件参数表

元件名称	型号	规格	数量	测试结果
接触器				
起动按钮				
热继电器				
熔断器				

③ 人为设置故障并通电运行，观察故障现象，并将故障现象记入表 3-8 中。

表 3-8　线路运行记录

故障设置元件	故障点	故障现象
热继电器	常闭触点断开	
接触器 KM1	自锁触点开路	
起动按钮	串联在支路中	
停止按钮	并联在支路中	

9. 三相异步电动机变频调速实验

（1）实验设备。

在与前面实验所需设备、仪表一样的基础上，增设变频器设备。变频器型号根据实验室条件自行选用。

（2）实验原理。

变频调速是改变电动机定子电源的频率，从而改变其同步转速的调速方法。变频调速系统主要设备是提供变频电源的变频器，变频器可分成交流-直流-交流变频器和交流-交流变频器两大类，目前国内大都使用交-直-交变频器。通过变频装置获得电压频率均可调节的供电电源，实现所谓 VVVF（变压变频）调速控制。

（3）实验电路如图 3-10 所示。

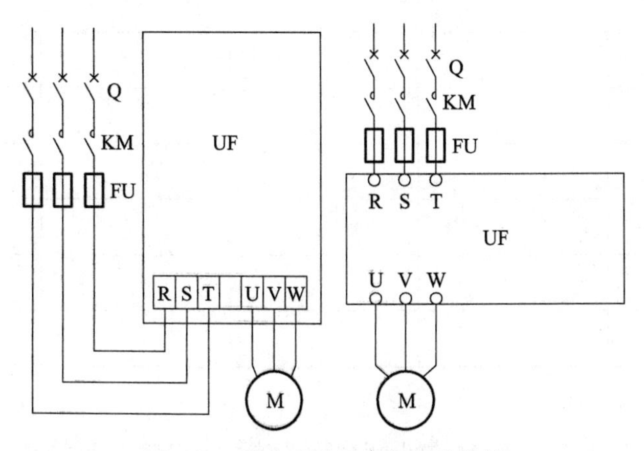

图 3-10　异步电动机变频调速接线

（4）实验目的。

① 掌握变频调速的外围电路连接。

② 熟练设置变频器。

③ 了解变频调速的基本原理以及采用变频调速的优点。

（5）实验报告。

① 异步电动机在 750 r/min、960 r/min、1 475 r/min 转速时，如何进行变频器的参数设置？

② 变频调速的特点是什么？变频调速适用于哪些生产环境？

③ 利用万用表和钳形电流表，测量不同转速时电动机的端电压和线电流，填入表 3-9。

表 3-9　异步电动机不同转速时的电压与电流测量

转速/（r/min）	I_U/A	$U_{U\text{-}V}$/V
750 r/min		
960 r/min		
1 475 r/min		

10. 三相异步电动机降压起动及反接制动实验

（1）实训目的。

①理解和掌握三相异步电动机降压起动及电源反接制动的工作原理。

②掌握三相异步电动机降压起动及电源反接制动控制电路的制作工艺。

（2）实验元件及耗材明细（学生填写表 3-10）。

表 3-10　实验元件及耗材明细

代号	名称	型号	数量	备注
QS				
FU1				
FU2				
KM1、KM2				
KM3、KM4				
R				
SR				
SB1				
SB4				
M				

（3）电路原理。

实验电路如图 3-11 所示。KM4 为正转运行接触器，KM2 为反接制动接触器，用点划线和电动机 M 相连的 SR，表示速度继电器 SR 与 M 同轴，动作过程分析如下。

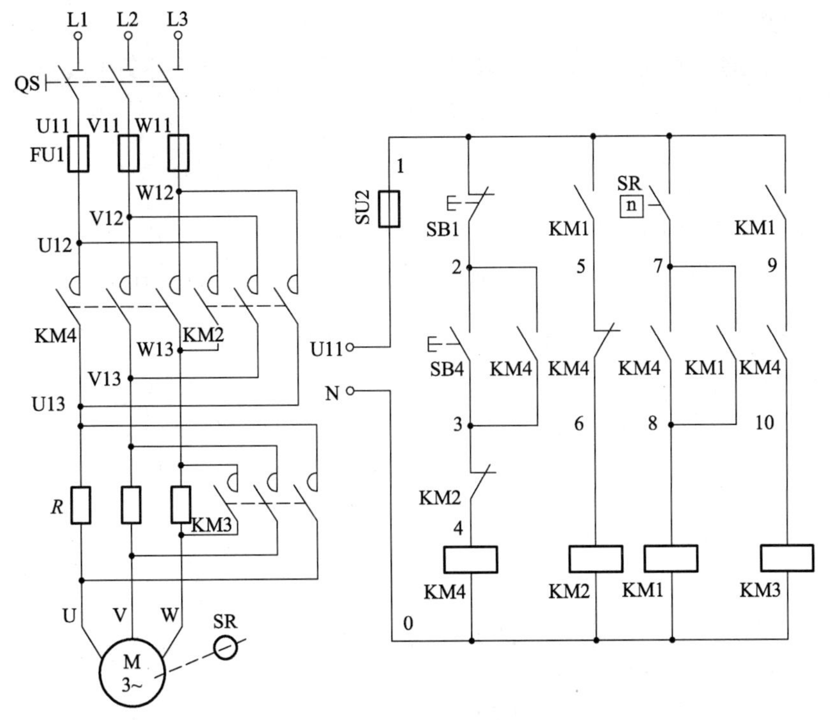

图 3-11　三相异步电动机降压起动及反接制动控制原理

降压起动的过程如图 3-12 所示。

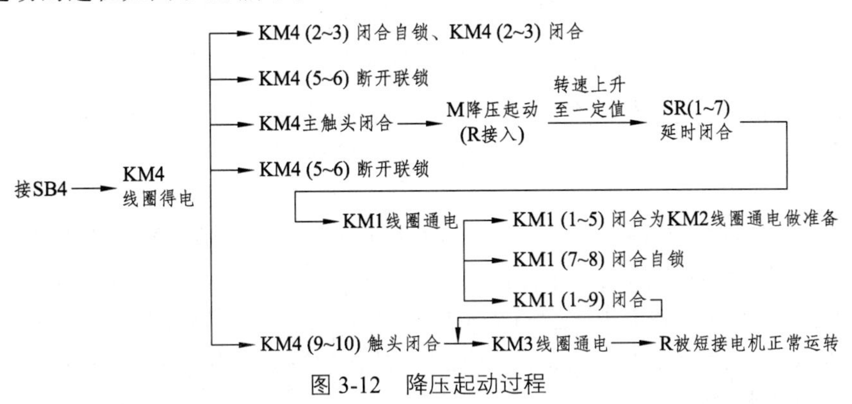

图 3-12　降压起动过程

反接制动过程如图 3-13 所示。

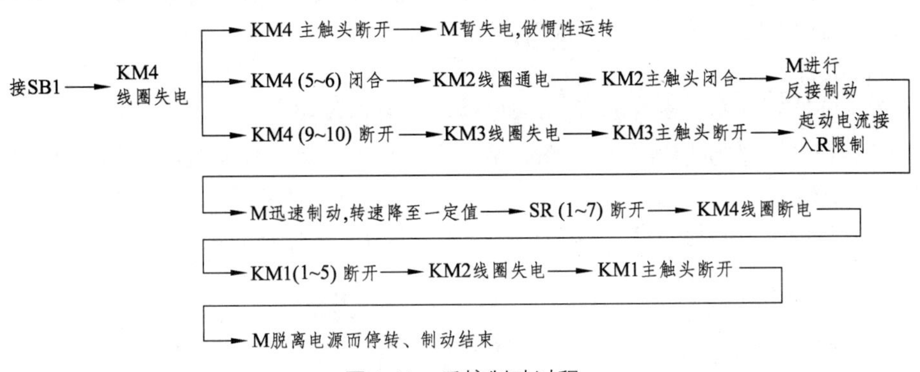

图 3-13　反接制动过程

（4）实训步骤。

① 分析实验原理，在实验台中找出相应的器件，并辨认各个器件的接线点。

② 接线如图 3-14 所示，应画出具体接线图。

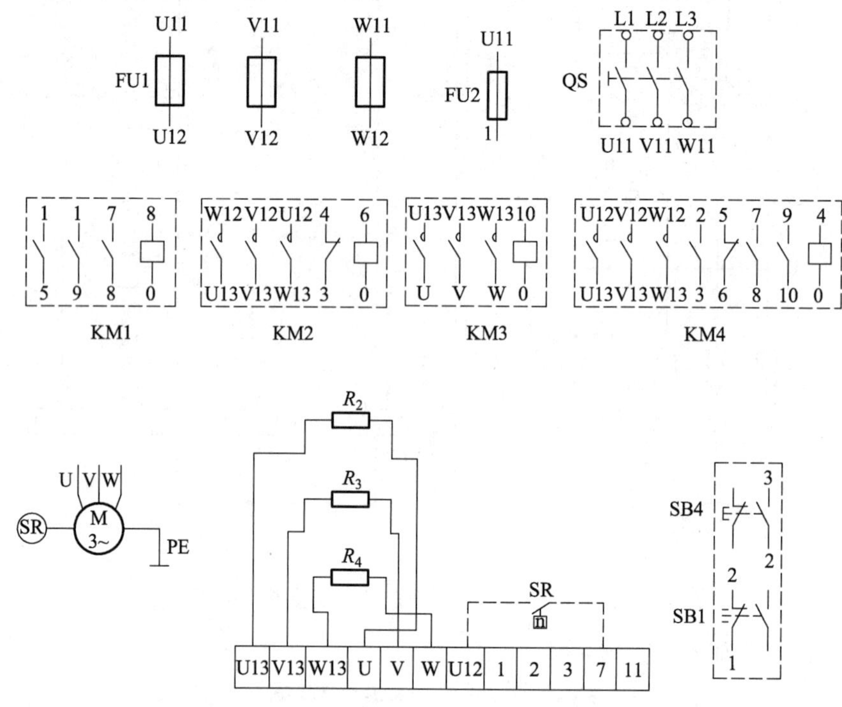

图 3-14　三相异步电动机降压起动及反接制动电路接线

③ 线路连接完毕，应进行检查，防止接错、漏接或线路故障。在通电试车前，应仔细检查各接线端连接是否正确、可靠，并用万用表检查控制回路是否短路或开路、主电路有无开路或短路。

a. 核对接线。对照原理图、接线图，从电源端开始逐段核对端子接线的线号，排除错接、漏接；核对同一条导线两端的线号是否相同，重点核对辅助电路中容易接错的线号。

b. 检查端子接线是否符合要求。首先检查导线有无绝缘层压入接线端子，再检查芯线裸露是否超过 2 mm，最后检查所有导线与接线端子的接触情况。用手摇动、拉拔接线端子上的导线，不允许有松脱。

④ 经检查接线无误后，可接通电源自行操作，若动作过程不符合要求或出现不正常，则应分析并排除故障，使控制线路能正常工作。

（5）实训报告。

① 什么是反接制动？如图 3-11 所示速度继电器有何作用？

② 如图 3-15 所示为模拟实物装配图，请在图中标出线号（控制电路）。

（6）实训小结。

① 通过本实训，我们得出什么重要结论（收获等），分别是

收获一：

收获二：

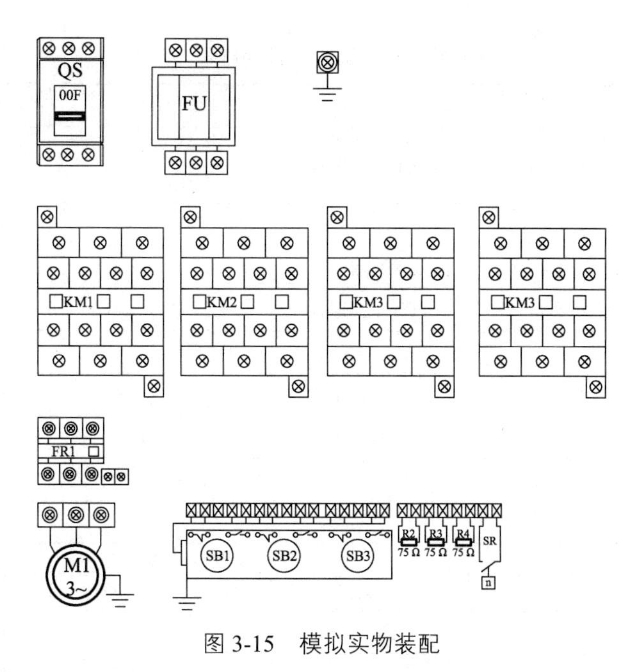

图 3-15　模拟实物装配

收获三：

② 实训过程中出现了什么问题，该如何解决？

③ 完成本实验，有哪些更好的做法？对操作有什么改进建议？

④ 本实验中，安全问题和文明操作相当重要，你认为要采取哪些措施，保证安全、文明操作？

11. 三相异步电动机能耗制动实验

1）实验目的

（1）了解什么是能耗制动。

（2）了解带速度继电器的电动机的相关知识。

（3）掌握电动机的能耗制动控制的工作原理、接线方式及操作方法。

2）实验意义

三相异步电动机从切除电源到完全停止旋转，由于惯性的作用，总要经过一段时间，这往往不能适应某些生产机械工艺的要求。如万能铣床、卧式镗床、组合机床等，无论从提高生产效率，还是从安全及准确停位等方面考虑，都要求电动机能迅速停车，要求对电动机进行制动控制。制动方法一般有两大类：机械制动和电气制动。机械制动是用机械装置来强迫电动机迅速停车；电气制动实质上是在电动机停车时，产生一个与原来旋转方向相反的制动转矩，迫使电动机转速迅速下降。

3）实验内容

（1）无变压器的半波整流能耗制动控制实验。

a. 实验设备明细表（见表 3-11）。

表 3-11　实验设备明细表

代号	名称	型号	规格	数量	备注
QS	低压断路器	DZ108-20/10-F	脱扣器整定电流 0.63～1 A	1	
FU1	螺旋式熔断器	RL1-15	配熔体 3 A	3	
FU2	瓷插式熔断器	RT18-32	配熔体 3 A	2	
KM1、KM2	交流接触器	CJX2-0910	线圈 AC 380 V	2	
SB1、SB2	按钮开关	22LAY16		2	SB1 绿、SB2 红
KT	时间继电器	ST3PA-B	输入交流 380 V	1	
	继电器方座	PF-083A		1	
FR	热继电器	JRS1D-25	整定电流 0.63～1 A	1	
XT	接线端子排	TB15	AC 660 V 25 A	10 位	
M	三相鼠笼式异步电动机		UN 380 V（Y） IN0.53APN160W	1	
V	二极管	IN5408	3 A	1	
R	电阻		90 Ω/1.3 A	1	

b. 实验电路图（见图 3-16）。

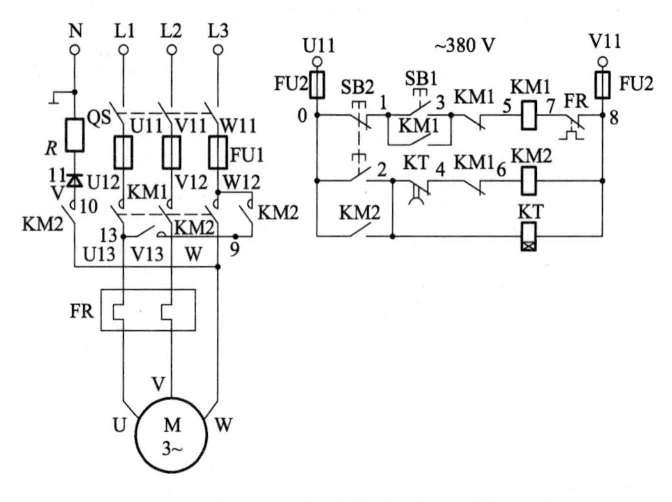

图 3-16　无变压器的半波整流能耗制动控制实验

该控制线路适用于 10 kW 以下电动机，这种线路结构简单，附加设备较少，体积小，采用一只二极管半波整流器作为直流电源。

c. 安装与接线。

设备布置与接线，可参考图 3-17 画出实际接线图。安装与接线后的技术要求应符合电工操作工艺规范。

d. 检测与调试。

经检查安装牢固与接线无误后，方可接通交流电源自行操作，若出现不运行故障，则应进行分析并排除故障，使电动机正常工作。

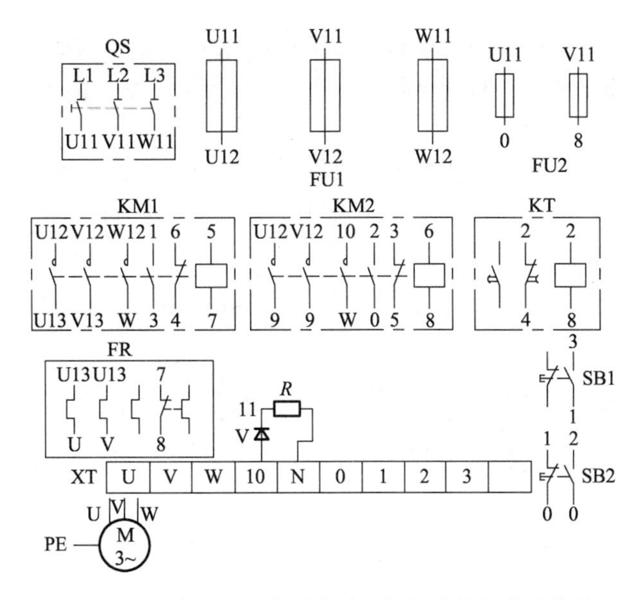

图 3-17　无变压器的半波整流能耗制动控制实验接线

（2）有变压器的全波整流能耗制动控制实验。

a. 实验设备（见表 3-12）。

表 3-12　实验设备明细表

序号	名称	数量	备注
1	电源控制屏	1	提供三相四线制 380 V、220 V 电压
2	三相异步电动机	1	
3	变压器（380/36 V）	1	
4	交流接触器	2	
5	按钮开关	3	
6	导线若干		

b. 实验原理。

线路图如图 3-18 所示。滑动电阻器为 90 Ω 可调电阻。起动时，合上空气开关 QF，引入三相电源。按下起动按钮 SB3，接触器 KM1 的线圈通电，主触头 KM1 闭合且线圈 KM1 通过与开关 SB3 并联的辅助常开触点 KM1 实现自锁，并和接触器 KM2 形成互锁，电动机开始运转。在电动机正常运转下，速度继电器的常开触点闭合。当按下按钮 SB2 后，接触器 KM2 的线圈通电，其主触头闭合且线圈 KM2 通过与开关 SB2 的常开触点并联的辅助触点 KM2 实现自锁，同时其对接触器 KM1 的互锁常闭触点 KM2 断开，使接触器 KM1 断电释放，电动机进入能耗制动状态，当电动机转子的惯性速度接近零时，速度继电器的常开触点 KS 复位，接触器 KM2 的线圈断电释放，能耗制动结束。要使电机停止运转，按下开关 SB1 即可。

c. 实验步骤。

首先，检查各实验设备外观及质量是否良好，按三相鼠笼异步电动机能耗制动控制线路进行正确接线，先接主回路，再接控制回路，自己检查无误并经指导老师检查认可方可合闸实验；将可调电阻调到最大阻值；合上空气开关 QF，引入三相电源。然后，按下起动按钮 SB3，观察电动机及各接触器的工作情况。接着，按下按钮 SB2，观察电动机及各接触器的工作情况。最后，按下停止按钮 SB1，断开电源。

d. 实验报告。

分析三相异步电动机在电路图 3-16 中是如何实现能耗制动的。按钮开关 SB2 在控制线路中作用是什么？若实验过程中发生故障，请画出故障线路，并分析故障原因。

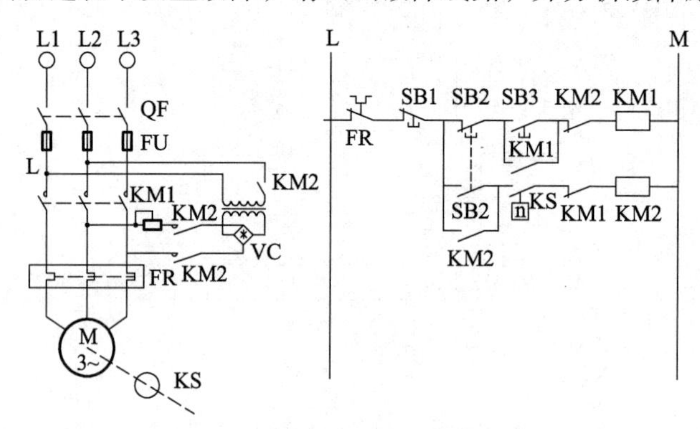

图 3-18　有变压器的全波整流能耗制动控制线路

e. 安全提示。

为加强实验室安全管理，保障师生的人身安全，防患于未然，新进入实验室工作的人员必须参加实验室安全与环保知识的培训，考核合格后方可进实验室；严禁在实验室进行与实验室工作无关的任何活动；做实验时严格遵守实验室各项规章制度和仪器设备使用操作规程，根据实验内容，做好个人安全防护；实验结束后，最后离开实验室的人员必须关好门窗，关闭水源、电源。

实验四　PLC控制的三相异步电动机点动和自锁实验

一、实验目的

（1）了解继电器控制系统和PLC控制系统的不同点和相同点。
（2）掌握三相异步电动机点动控制又可自锁控制主回路的接线。
（3）学会用可编程控制器实现电机起动过程的编程方法。

二、实验器材

三相交流电源、熔断器、交流接触器、热继电器、可编程控制器、电工工具及仪表、导线等耗材。

三、实验原理

如图3-19所示，线路的动作过程：当按下起动按钮SB1，线圈KM通电，主触头闭合，电动机M起动旋转。当松开按钮时，电动机M不会停转，因为这时，接触器线圈KM可以通过并联在SB1两端已闭合的辅助触头KM和点动按钮SB2的常闭触点继续维持通电，保证主触头KM仍处在接通状态，电动机M就不会失电，也就不会停转。无论在接触器线圈KM通电或者断电的情况下，按下点动按钮SB2，能流只能通过SB2的常开触点使接触器线圈KM通电；点动按钮SB2复位时，接触器线圈KM处于断电状态。可见按钮SB2可以实现电机的点动控制。

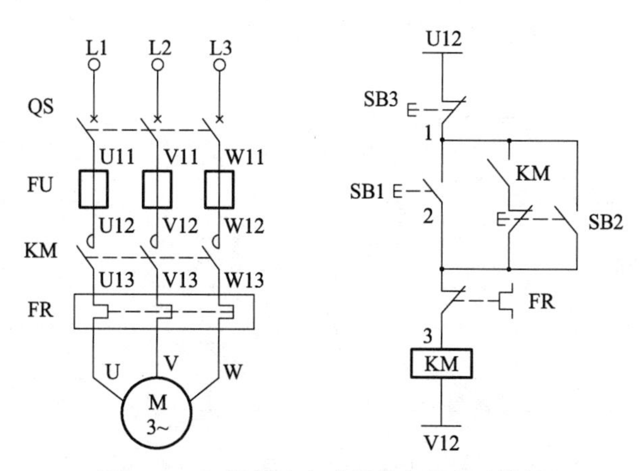

图3-19　三相异步电动机的自锁起动接线

可编程控制器控制系统可代替继电器控制系统实现相同的控制任务。其输入设备和输出设备与继电器控制系统相同，但它们是直接接到可编程控制器的输入端和输出端的。控制程序是通过一个编程器写入可编程控制器的程序存储器。每个程序语句确定一个顺序，运行时依次读取存储器中的程序语句，对它们的内容进行解释并加以执行，执行结果用于接通输出设备，控制被控对象的工作。在存储器控制系统中，控制程序的修改不需要通过改变控制系统的接线（即硬件），而只需要通过编程器改变程序存储器中某些语句的内容。

四、实验内容

如图 3-20（a）所示为 PLC 控制系统主回路接线；如图 3-18（b）所示为本实验的 PLC 主机接线。按钮 SB1 为自锁起动控制按钮，按钮 SB2 为点动控制按钮，按钮 SB3 为急停控制按钮，FR 为热继电器，QS 为低压断路器。

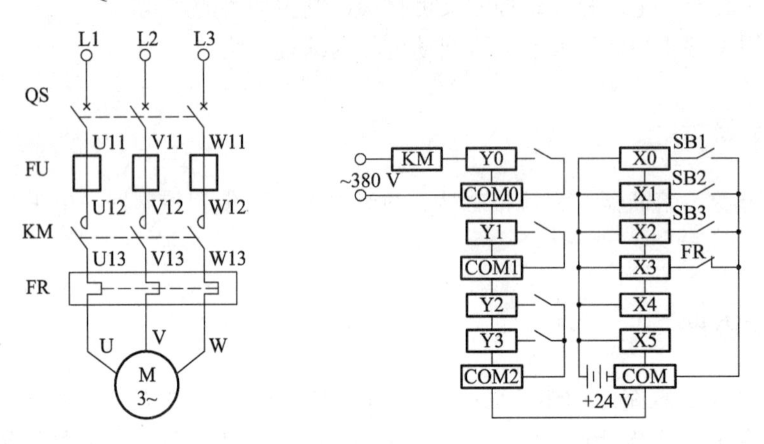

图 3-20　PLC 控制的三相异步电动机的自锁起动接线

实验要求实现以下的控制目的：当按下起动按钮 SB1，线圈 KM 通电，主触头闭合，电动机 M 起动旋转。当松开按钮时，电动机 M 不会停转。无论接触器线圈 KM 通电或者断电，按下点动按钮 SB2，能流只能通过 SB2 的常开触点使接触器线圈 KM 通电；点动按钮 SB2 复位时，接触器线圈 KM 处于断电状态；按下按钮 SB3 电机 M 停止运转。由此可见，按钮 SB1 实现电机的自锁起动，按钮 SB2 可以实现电机的点动控制。

五、编写 PLC 的实验程序（见图 3-21）

图 3-21　PLC 控制的三相异步电动机的程序图

六、实验报告

（1）将实验所需电气元件的技术参数和数量填入表 3-13。

表 3-13　实验设备清单

序号	名　称	型号与规格	数量	备注
1	三相异步电动机			
2	交流接触器			
3	热继电器及底座			
4	自复位按钮			
5	自复位按钮			
6	熔断器			
7	可编程控制器			
8	辅助触头			

（2）绘制 PLC 的控制程序，写出指令表。

（3）绘制 PLC 控制系统的外部接线图。

（4）PLC 编程中如何实现自锁?

实验五 PLC 控制三相异步电动机正反转实验

一、实验目的

（1）学习和掌握 PLC 的实际操作和使用方法。
（2）学习和掌握 PLC 控制三相异步电动机正反转的硬件电路设计方法。
（3）学习和掌握 PLC 控制三相异步电动机正反转的程序设计方法。
（4）学习和掌握 PLC 控制系统的现场接线与软硬件调试方法。

二、实验用仪器工具（见表 3-14）

表 3-14 实验用仪器工具

名称	型号规格	数量	单位
PC 机		1	台
编程电缆线		1	根
PLC	FX2N-80MT	1	台
三相异步电动机	180 W、380 V	1	台
断路器（QF1、QF5）	5 A	2	个
接触器（KM5、KM6）	10 A	2	个
继电器（KA4、KA5）	5 A	2	个
按钮	5 A	3	个
实验导线	1.5 mm^2	若干	
常用电工工具		若干	
万用表		1	块

三、实验预习

（1）预习实验报告，复习教材的相关章节。
（2）熟悉三菱 FX2N 编程工具、编程方法以及调试监控方法。
（3）根据实验电路，编写好如下实验程序（梯形图、指令代码均可）：

① 按“正向”按钮，主轴正转，按“反向”按钮，主轴反转。但主轴由正转变反转或由反转变正转必须先停止。

② 无论主轴处于何种状态（正转、反转或停止），按“正向”按钮，主轴正转，按“反向”按钮，主轴反转。

③ 改变“正向”“反向”“停止”按钮与 PLC 输入接口的连接对应的程序。

四、实验原理

三相异步电动机定子三相绕组接入三相交流电，产生旋转磁场，旋转磁场切割转子绕组产生感应电流和电磁力，在感应电流和电磁力的共同作用下，转子随着旋转磁场的旋转方向转动。因此转子的旋转方向是通过改变定子旋转磁场旋转的方向来实现的，而旋转磁场的旋转方向只需改变三相定子绕组任意两相的电源相序就可实现。如图 3-22 所示为 PLC 控制异步电动机正反转的实验原理。

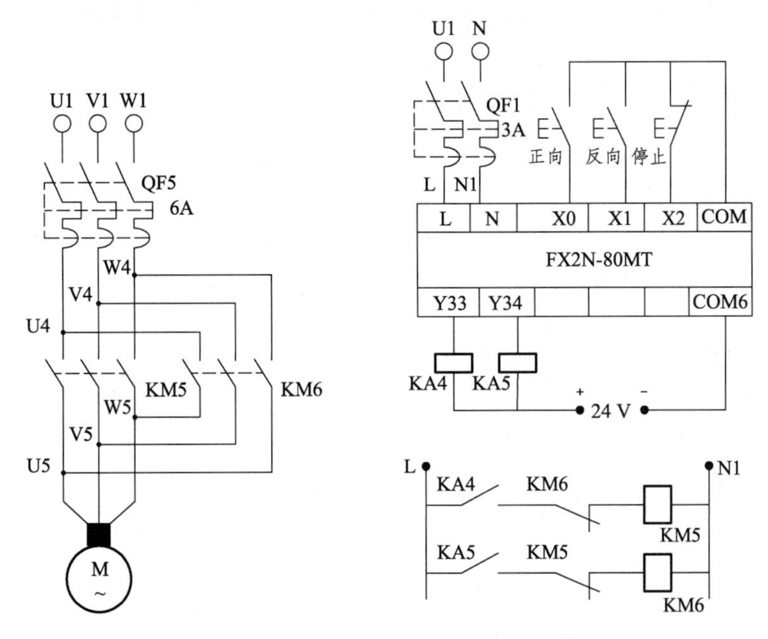

图 3-22 PLC 控制三相异步电动机正反转实验原理

如图 3-22（a）所示为三相异步电动机正反转控制的主回路，如果 KM5 的主触头闭合时电动机正转，那么 KM6 主触头闭合时电动机则反转，但 KM5 和 KM6 的主触头不能同时闭合，否则电源短路。

如图 3-22（b）所示为采用 PLC 对三相异步电动机进行正反转控制的控制回路。从图中可知，正向按钮接 PLC 的输入口 X0，反向按钮接 PLC 的输入口 X1，停止按钮接 PLC 的输入口 X2；继电器 KA4、KA5 分别接于 PLC 的输出口，Y33、Y34，KA4、KA5 的触头又分别控制接触器 KM5 和 KM6 的线圈。

实验中使用的 PLC 为三菱 FX2N 系列晶体管输出型，由于输出电流比较小，不能直接驱动接触器的线圈，因此在电路中用继电器 KA4、KA5 做中间转换电路。

在 KM5 和 KM6 线圈回路中互串常闭触头进行硬件互锁，保证软件错误后不至于主回路短路引起断路器自动断开。

电路基本工作原理：合上 QF1、QF5，给电路供电。当按下正向按钮，控制程序要使 Y33 为 1，继电器 KA4 线圈得电，其常开触点闭合，接触器 KM5 的线圈得电，主触头闭合，电动机正转；当按下反向按钮，控制程序要使 Y34 为 1，继电器 KA5 线圈得电，其常开触点闭合，接触器 KM6 的线圈得电，主触头闭合，电动机反转。

五、实验步骤

（1）断开 QF1、QF5，按如图 3-23 所示接线（为安全起见，虚线框外的连线已接好）。

（2）经检查合格后，接通断路器 QF1、QF5。

（3）运行 PC 机上的工具软件 FX-WIN，并使 PLC 工作在 STOP 状态。

（4）输入编写好的 PLC 控制程序并传至 PLC。

（5）使 PLC 工作在 RUN 状态，操作控制面板上的相应按钮，实现电动机的正反转控制。在 PC 机上对运行状况进行监控，同时观察继电器 KA4、KA5 和接触器 KM5、KM6 的动作以及主轴的旋转方向，调试并修改程序直至正确。

（6）重复（4）、（5）步骤，调试其他实验程序。

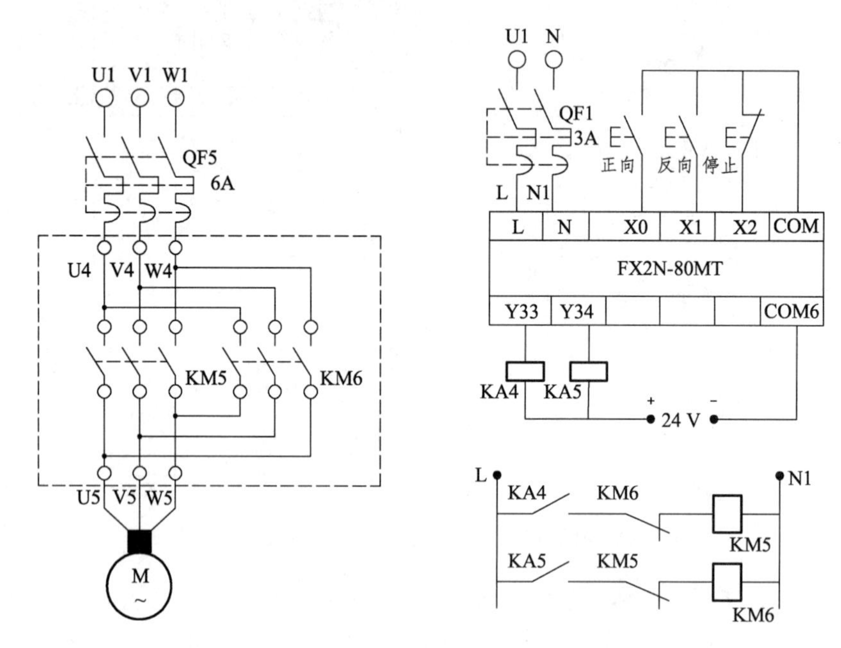

图 3-23　PLC 控制异步电动机正反转实验的接线图

六、实验说明及注意事项

（1）本实验中，继电器 KA4、KA5 的线圈控制电压为 24 V DC，其触点 5 A 220 V AC（或 5 A 30 V DC）；接触器 KM5、KM6 的线圈控制电压为 220 V AC，其主触点 25 A 380 V AC。

（2）三相异步电动机的正、反转控制是通过正、反向接触器 KM5、KM6 改变定子绕组的相序来实现的。其中一个很重要的问题就是必须保证任何时候、任何条件下正反向接触器 KM5、KM6 都不能同时接通，否则会造成电源相间瞬时短路。为此，在梯形图中应采用正反转互锁，以保证系统工作安全可靠。

（3）接线和拔线时，请务必断开 QF5。

（4）QF5 合上后，不得用手触摸接线端子。

（5）务必不得将导线一端接入交流电源、交流电机、KM5、KM6 的接线端子，另一端放在操作台上而后合上 QF5。

（6）通电实验时，不得用手触摸主轴。

七、实验报告

（1）绘制 PLC 控制系统的外部接线图。

（2）PLC 编程中如何实现自锁?

（3）画出调试好的程序梯形图，分析实验结果。

八、思考题

（1）试比较继电器和接触器的结构及工作原理的异同点。

（2）请说明本实验中继电器的线圈工作电压和接触器的线圈工作电压分别是多少?

（3）试比较可编程控制器的三种输出接口：晶体管输出方式、晶闸管输出方式、继电器输出方式的工作原理异同点。

（4）能否将接触器 KM5、KM6 的线圈直接接至 PLC 的输出端 Y33、Y34（说明：本实验所用的 PLC 为 FX2N-80MT，其输出接口为晶体管型）?

实验六　PLC 控制的三相异步电动机 Y-△换接起动

实验背景：由于电机正反转换接时，有可能因为电动机容量较大或操作不当等原因，使接触器主触头产生较为严重的起弧现象，如果电弧还未完全熄灭，反转的接触器就闭合，则会造成电源相间短路。用 PLC 来控制电机则可避免这一问题。

一、实验目的

（1）掌握电机 Y-△换接起动主回路的接线。
（2）学会用可编程控制器实现电动机 Y-△换接降压起动过程的编程方法。

二、实验设备

（1）TKPLC-1A 型、TKPLC-2 型实验装置或 TKPLC-A 型、TKPLC-B 型实验箱一台。
（2）安装了 STEP7-Micro/WIN32 编程软件的计算机一台。
（3）PC/PPI 编程电缆一根。
（4）锁紧导线若干。
（5）常用电工工具及电工仪表

三、实验预习

异步电动机的 Y-△降压起动控制原理；自锁、互锁基本知识；PLC 应用的基本程序。

四、实验要求

合上起动按钮后，电机先作 Y 连接起动，经延时 6 s 后自动换接到△连接运转。

五、实验面板介绍

实验面板如图 3-24 所示，方框内 SS、ST、FR 分别接主机的输入点 I0.0、I0.1、I0.2；将 KM1、KM2、KM3 分别接主机的输出点 Q0.1、Q0.2、Q0.3；M 端与主机的 1L 端相连；本实验区的+24V 端与主机的 L+相连，主机的 1M 与主机的 M 相连。KM1、KM2、KM3 的动作用发光二极管来模拟。

实验装置已将三个 CJ0-10 接触器的触点引出至面板。学生可按图示的粗线，用专用实验连接导线连接。380 V 电压已引至三相开关 SQ 的 U、V、W 端。A、B、C、X、Y、Z 与三相异步电动机（400W）的相应六个接线柱相连。将三相闸刀开关拨向“开”位置，三相 380 V 电即引至 U、V、W 三端。

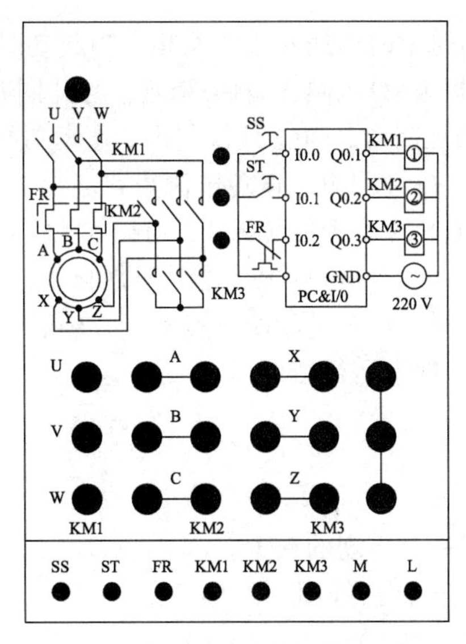

图 3-24　实验面板

注意：接通电源之前，将三相异步电动机的 Y-△换接起动实验模块的开关置于“关”位置（开关往下扳）。因为一旦接通三相电，只要将开关置于“开”位置（开关往上扳），这一实验模块中的 U、V、W 端就已经得电。所以，要在连好实验接线以后，才能将这一个开关接通。提示：请一定注意人身安全！

六、编制梯形图并写出程序

实验参考程序梯形图如图 3-25 所示。

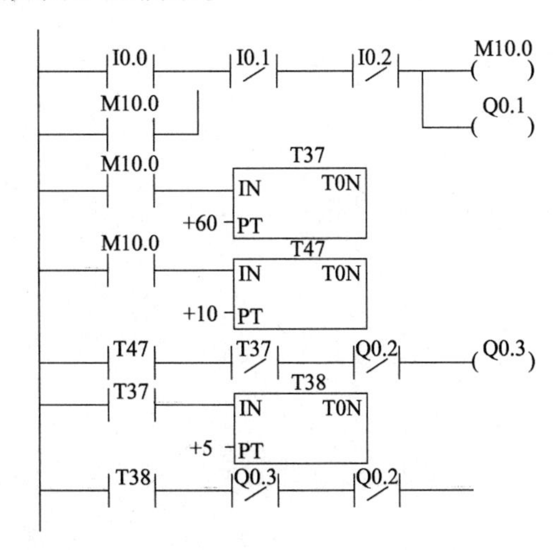

图 3-25　PLC 控制异步电机 Y-△降压起动程序梯形图

七、动作过程分析

起动：按起动按钮 SS，I0.0 的动合触点闭合，M10.0 线圈得电，M10.0 的动合触点闭合，Q0.1 线圈得电，即接触器 KM1 的线圈得电，1 s 后 Q0.3 线圈得电，即接触器 KM3 的线圈得电，电动机作 Y 连接起动；同时定时器线圈 T37 得电，当起动时间累计达 6 s 时，T37 的动断触点断开，Q0.3 失电，接触器 KM3 断电，触头释放，与此同时 T37 的动合触点闭合，T38 得电，经 0.5 s 后，T38 动合触点闭合，Q0.2 线圈得电，电动机接成△，起动完毕。定时器 T1 的作用使 KM3 断开 0.5 s 后 KM2 才得电，避免电源短路。

停车：按停止按钮 ST，I0.1 的动断触点断开，M10.0、T37 失电；M10.0、T37 的动合触点断开，Q0.1、Q0.3 失电。KM1、KM3 断电，电动机做自由停车运行。

过载保护：当电动机过载时，I0.2 的动断触点断开，Q0.1、Q0.3 失电，电动机也停车。按一下按钮 FR，可模拟过载，观察运行结果。

八、实验报告

（1）整理出运行和监视程序时出现的现象。

（2）绘制 PLC 控制系统的外部接线图。

（3）PLC 编程中如何实现自锁?

（4）画出调试好的程序梯形图，分析实验结果。

实验七　三相鼠笼异步电动机的工作特性

一、实验目的

（1）掌握三相异步电机的空载、堵转和负载实验的方法。
（2）用直接负载法测取三相鼠笼异步电动机的工作特性。
（3）测定三相笼型异步电动机的参数。

二、预习要点

（1）异步电动机的工作特性指哪些特性？
（2）异步电动机的等效电路有哪些参数？它们的物理意义是什么？
（3）工作特性和参数的测定方法有哪些？

三、实验项目

（1）测量定子绕组的冷态电阻。
（2）判定定子绕组的首末端。
（3）空载实验。
（4）短路实验。
（5）负载实验。

四、实验设备

（1）直流电动机电枢电源（NMEL-18/1）。
（2）电机导轨及测功机、矩矩转速测量组件（NMEL-13F）。
（3）交流电压表、电流表、功率、功率因数表。
（4）直流电压、电流表。
（5）可调电阻箱（NMEL-03/4）。
（6）开关（NMEL-05D）。
（7）三相鼠笼式异步电动机 M04。

五、实验方法及步骤

1. 测量定子绕组的冷态直流电阻

准备：将电机在室内放置一段时间，用温度计测量电机绕组端部或铁心的温度。当所测温度与冷冻介质温度之差不超过 2 K 时，即为实际冷态。记录此时的温度和测量定子绕组的直流电阻，此阻值即为冷态直流电阻。

（1）伏安法。

测量线路如图 3-26 所示。

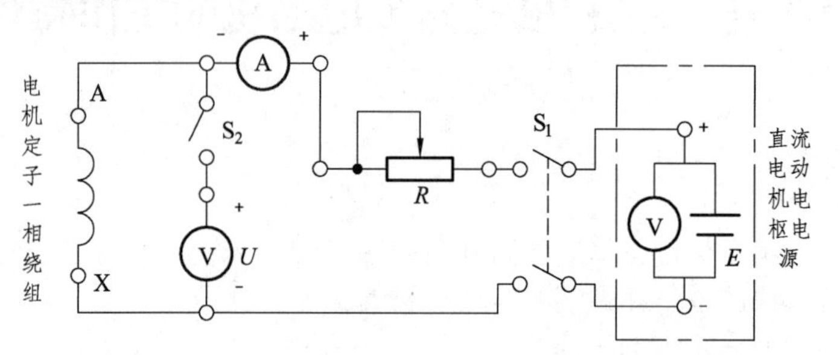

图 3-26　三相交流异步电动机绕组电阻测定接线

图中，S_1，S_2：双刀双掷和单刀双掷开关（NMEL-05D）；*R*：采用 NMEL-03/4 中 R1 电阻；A、V：直流电流表和直流电压表。

量程的选择：测量时，通过的测量电流约为电机额定电流的 10%，即为 50 mA，因而直流电流表的量程用 2 A 挡。三相笼型异步电动机定子一相绕组的电阻约为 50 Ω，因而当流过的电流为 50 mA 时电压约为 2.5 V，直流电压表量程用 20 V 挡。实验开始前，合上开关 S_1，断开开关 S_2，调节电阻 *R* 至最大。

分别合上绿色“闭合”按钮开关和直流电动机电枢电源的船形开关，调节直流直流电枢电源及可调电阻 *R*，使实验电机电流不超过电机额定电流的 10%，以防止因实验电流过大而引起绕组的温度上升，读取电流值，再接通开关 S_2 读取电压值。读完后，先打开开关 S_2，再打开开关 S_1。

调节 *R* 使 A 表分别为 50 mA，40 mA，30 mA 测取三次，取其平均值，测量定子三相绕组的电阻值，记录于表 3-15 中。

表 3-15　测量表　　室温______°C

	绕组 I			绕组 II			绕组 III		
I/mA									
U/V									
R/Ω									

注意事项：

① 在测量时，电动机的转子须静止不动。

② 测量通电时间不应超过 1 min。

（2）电桥法（选做）。

用单臂电桥测量电阻时，应先将刻度盘旋到电桥能大致平衡的位置，然后按下电池按钮，接通电源，等电桥中的电源达到稳定后，方可按下检流计按钮接入检流计。测量完毕后，应先断开检流计，再断开电源，以免检流计受到冲击。记录数据于表 3-16 中。

使用电桥法测量绕组的直流电阻，具有准确度高、灵敏性好、读取方便的优点。

表 3-16　测量表

绕组电阻值	绕组 I	绕组 II	绕组 III
R/Ω			

2. 判定定子绕组的首末端

先用万用表测出各相绕组的两个线端，将其中的任意二相绕组串联，如图 3-27 所示。将调压器调压旋钮退至零位，合上绿色“闭合”按钮开关，接通交流电源，调节交流电源，在绕组端施以单相低电压 U=80 ~ 100 V，注意电流不应超过额定值。测出第三相绕组的电压，如测得的电压有一定读数，表示两相绕组的末端与首端相联，如图 3-27（a）所示；反之，如测得电压近似为零，则二相绕组的末端与末端（或首端与首端）相连，如图 3-27（b）所示。用同样方法测出第三相绕组的首末端。

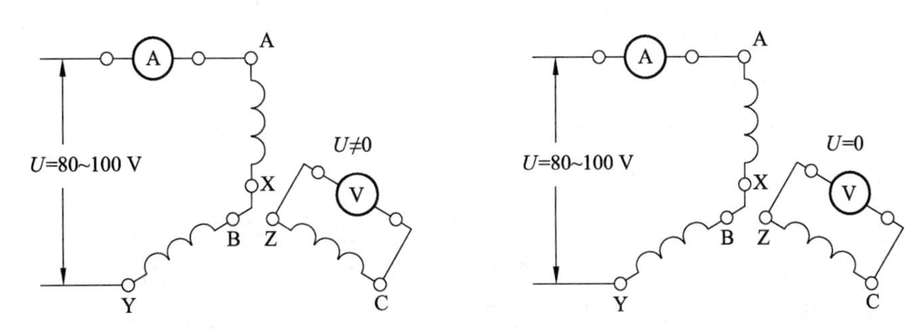

图 3-27 三相交流电动机绕组首末端测定接线

3. 空载实验

测量电路如图 3-28 所示。电机绕组为△接法（U_N=220 V），且电机不与测功机同轴连接，不带测功机。

（1）起动电机前，把交流电压调节旋钮退至零位，然后接通电源，逐渐升高电压，使电机起动旋转，观察电机旋转方向。并使电机旋转方向符合要求。（如电动机转向不符合要求，则对调任意两相电源）

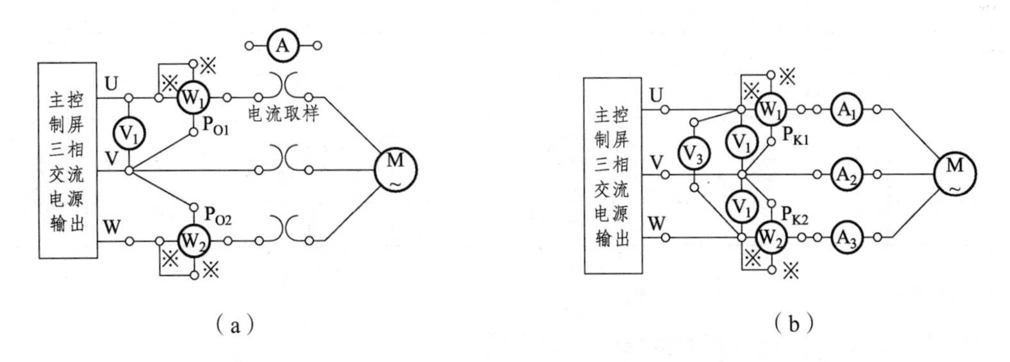

图 3-28 三相异步电动机实验接线

（2）保持电动机在额定电压下空载运行数分钟，使机械损耗达到稳定后再进行实验。

（3）调节电压由 1.2 倍额定电压开始逐渐降低电压，直至电流或功率显著增大为止。在这范围内读取空载电压、空载电流、空载功率。

（4）在测取空载实验数据时，在额定电压附近多测几个点，共取 5 ~ 7 组数据记录于表 3-17 中。

表 3-17　测量表

序号	U_{OC}/V				I_{OL}/A				P_O/W			$\cos\varphi$
	U_{AB}	U_{BC}	U_{CA}	U_{OL}	I_A	I_B	I_C	I_{OL}	P_{I}	P_{II}	P_O	
1												
2												
3												
4												
5												
6												
7												

4. 短路实验

实验线路如图 3-28 所示，将测功机和三相异步电机同轴连接。

（1）将起子插入测功机堵转孔中，使测功机定转子堵住。将三相调压器退至零位。

（2）合上交流电源，调节调压器使之逐渐升压至短路电流到 1.2 倍额定电流，再逐渐降压至 0.3 倍额定电流为止。

（3）在这范围内读取短路电压、短路电流、短路功率，共取 5 ~ 7 组数据，填入表 3-18。做完实验后，注意取出测功机堵转孔中的起子。

表 3-18　测量表

序号	U_{OC}/V				I_{OL}/A				P_O/W			$\cos\varphi_K$
	U_{AB}	U_{BC}	U_{CA}	U_K	I_A	I_B	I_C	I_K	P_{I}	P_{II}	P_K	
1												
2												
3												
4												
5												
6												
7												

5. 负载实验

选用实验设备，实验线路的接线同空载实验一样。实验开始前，NMEL-13F 中的“转速控制”和“转矩控制”选择开关拨向“转矩控制”，“转速/转矩设定”旋钮逆时针到底。

（1）合上交流电源，调节调压器使之逐渐升压至额定电压，并在实验中保持此额定电压不变。

（2）调节测功机“转速/转矩设定”旋钮使之加载，使异步电动机的定子电流逐渐上升，直至电流上升到 1.25 倍额定电流。

（3）从这负载开始，逐渐减小负载直至空载，在这范围内读取异步电动机的定子电流、输入功率，转速、转矩等数据，共读取 5 ~ 6 组数据，记录于表 3-19 中。

表 3-19 测量表 U_N=220 V（△）

序号	I_{OL}/A				P_O/W			T_2/（N·m）	n/（r/min）	P_2/W
	I_A	I_B	I_C	I_1	P_{I}	P_{II}	P_1			
1										
2										
3										
4										
5										
6										

六、实验报告

（1）计算基准工作温度时的相电阻。

由实验直接测得每相电阻值，此值为实际冷态电阻值。冷态温度为室温。按下式换算到基准工作温度时的定子绕组相电阻：

$$r_{1lef} = r_{1c}\frac{235+\theta_{ref}}{235+\theta_C}$$

式中，r_{1lef}—换算到基准工作温度时定子绕组的相电阻，Ω；

r_{1c}—定子绕组的实际冷态相电阻，Ω；

θ_{ref}—基准工作温度，对于 E 级绝缘为 75 °C；

θ_C—实际冷态时定子绕组的温度，°C。

（2）作空载特性曲线：I_0、P_0、$\cos\varphi_0=f(U_0)$。

（3）作短路特性曲线：I_K、$P_K=f(U_K)$。

（4）由空载、短路实验的数据求异步电机等效电路的参数。

① 由短路实验数据求短路参数。

短路阻抗 Z_K：

$$Z_K = \frac{U_K}{I_K}$$

短路电阻 r_K：

$$r_K = \frac{P_K}{3I_K^2}$$

短路电抗 X_K：

$$X_K = \sqrt{Z_K^2 - r_K^2}$$

式中，U_K、I_K、P_K—由短路特性曲线上查得，对应于 I_K 为额定电流时的相电压、相电流、三相短路功率。

转子电阻的折合值 r_2'：

$$r_2' \approx r_K - r_1$$

定子、转子漏抗 $X'_{1\sigma}$，$X'_{2\sigma}$：

$$X'_{1\sigma} \approx X'_{2\sigma} \approx \frac{X_K}{2}$$

② 由空载实验数据求激磁回路参数。

空载阻抗 $Z_O = \dfrac{U_O}{I_O}$

空载电阻 $r_O = \dfrac{P_O}{3I_O^2}$

空载电抗 $X_O = \sqrt{Z_O^2 - r_O^2}$

式中，U_O、I_O、P_O—相应于 U_O 为额定电压时的相电压、相电流、三相空载功率。

激磁电抗 X_m：

$$X_m = X_O - X_{1\sigma}$$

激磁电阻 r_m：

$$r_m = \frac{P_{Fe}}{3I_O^2}$$

式中，P_{Fe} 为额定电压时的铁耗，由如图 3-29 所示确定。

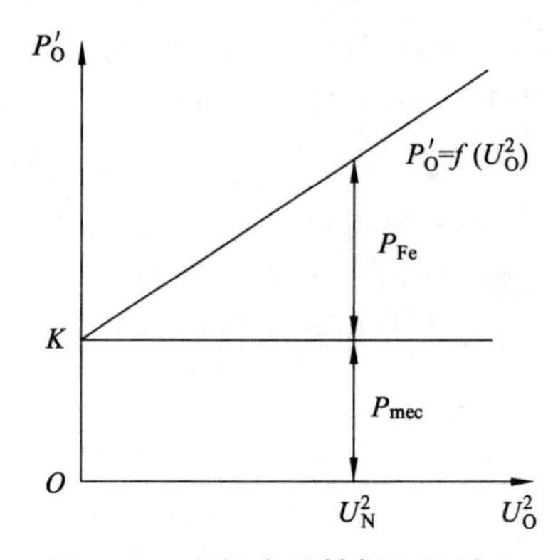

图 3-29　电机中的铁耗和机械能

（5）作工作特性曲线 P_1、I_1、n、η、S、$\cos\varphi_1=f(P_2)$。

各参数的计算公式为

$$I_1 = \frac{I_A + I_B + I_C}{3\sqrt{3}}$$

$$S = \frac{1\,500 - n}{1\,500} \times 100\%$$

$$\cos\varphi_1 = \frac{P_1}{3U_1 I_1}$$

$$P_2 = 0.105 n T_2$$

$$\eta = \frac{P_2}{P_1} \times 100\%$$

式中，I_1—定子绕组相电流，A；

U_1—定子绕组相电压，V；

S—转差率；

η—效率。

（6）由损耗分析法求额定负载时的效率。

电动机的损耗有铁耗 P_{Fe}、机械损耗 P_{mec}，以及定子铜耗 P_{Cu1}：

$$P_{Cu1} = 3I_1^2 r_1$$

转子铜耗 P_{Cu2}：

$$P_{Cu2} = \frac{P_{em} S}{100}$$

其中，杂散损耗 P_{ad} 取为额定负载时输入功率的 0.5%；P_{em} 为电磁功率（W），由下式确定：

$$P_{em}=P_1-P_{Cu1}-P_{Fe}$$

铁耗和机械损耗之和为

$$P'_O = P_{Fe} + P_{mec} = P_O - 3I_O^2 r_1$$

为了分离铁耗和机械损耗，作曲线 $P'_O = f(U_O^2)$，如图 3-29 所示。延长曲线的直线部分与纵轴相交于 P 点，P 点的纵坐标即为电动机的机械损耗 P_{mec}，过 P 点作平行于横轴的直线，可得不同电压的铁耗 P_{Fe}。

电机的总损耗 $\Sigma P = P_{Fe} + P_{Cu1} + P_{Cu2} + P_{ad}$

于是求得额定负载时的效率为

$$\eta = \frac{P_1 - \Sigma P}{P_1} \times 100\%$$

式中，P_1、S、I_1 由工作特性曲线上对应于 P_2 为额定功率 P_N 时查得。

由负载实验数据计算电动机的工作特性，并填入表 3-20。

表 3-20　测量表　　　　U_1=220 V（△）　I_f=　A

序号	电动机输入		电动机输出		计算值			
	I_1/A	P_1/W	T_2/（N·m）	n/（r/min）	P_2/W	S/%	η/%	$\cos\varphi_1$
1								
2								
3								
4								
5								
6								

实验八　三相异步电动机的起动与调速综合实验

一、实验目的

通过实验掌握异步电动机的起动和调速的方法。

二、预习要点

（1）复习异步电动机起动方法和起动技术指标。
（2）复习异步电动机的调速方法。

三、实验项目

（1）异步电动机的直接起动。
（2）异步电动机星形-三角形（Y-△）换接起动。
（3）自耦变压器起动。
（4）绕线式异步电动机转子绕组串入可变电阻器起动。
（5）绕线式异步电动机转子绕组串入可变电阻器调速。

四、实验设备

（1）直流电动机电枢电源（NMEL-18/1）。
（2）电机导轨及测功机、转矩转速测量组件（NMEL-13F）。
（3）交流电压表、电流表、功率、功率因数表。
（4）可调电阻箱（NMEL-03/4）。
（5）开关（NMEL-05D）。
（6）三相鼠笼式异步电动机 M04。
（7）绕线式异步电动机 M09。

五、实验方法

1. 三相笼型异步电动机直接起动实验

实验步骤：

实验时，如图 3-30 所示进行接线，要将电机的三相绕组接成“△”。起动前，把转矩转速测量实验箱（NMEL-13F）中“转速/转矩设定”旋钮逆时针调到底，“转速控制”“转矩控制”选择开关拨向“转矩控制”，检查电机导轨和 NMEL-13F 的连接是否良好。

（1）把三相交流电源调节旋钮逆时针调到底，合上绿色“闭合”按钮开关。调节调压器，使输出电压达到电机额定电压 220 V，电机起动旋转。（电机起动后，观察 NMEL-13F 中的转

速表，如出现电机转向不符合实验要求，则须切断电源，重新调整相序，再重新起动电机）

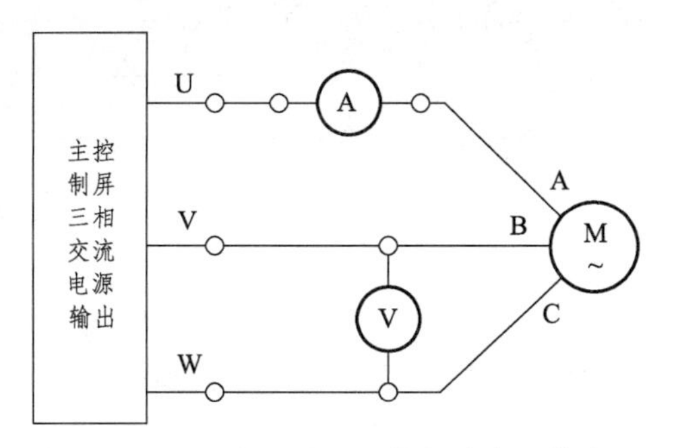

图 3-30　异步电动机直接起动实验接线

（2）断开三相交流电源，待电动机完全停止旋转后，接通三相交流电源，调整调压器使电动机全压起动，观察电动机的起动瞬间电流值。

（3）断开三相交流电源，将调压器退到零位。用起子插入测功机堵转孔中，将测功机定转子堵住。

（4）合上三相交流电源，调节调压器，观察电流表，使电机电流达 2 ~ 3 倍额定电流，读取电压值 U_K、电流值 I_K、转矩值 T_K，填入表 3-21。注意：实验时，通电时间不应超过 10 s，以免绕组过热。

对应于额定电压下的起动转矩 T_{ST} 和起动电流 I_{ST} 按照下列公式进行计算：

$$T_{ST}=\left(\frac{I_{ST}}{I_K}\right)^2 T_K$$

式中，I_K—起动实验时的电流值，A；

T_K—起动实验时的转矩值，N · m；

$$I_{ST}=\left(\frac{U_N}{U_K}\right) I_K$$

式中，U_K—起动实验时的电压值，V；

U_N—电动机额定电压，V；

表 3-21　测量表

测　量　值			计　算　值	
U_K/V	I_K/A	T_K/（N · m）	T_{st}/（N · m）	I_{st}/A

2. 星形-三角形（Y-△）起动

如图 3-31 所示接线，电压表、电流表的选择同前面实验，开关 S 选用 NMEL-05D。

（1）起动前，把三相调压器退到零位，三刀双掷开关合向右边（Y）接法。合上电源开关，逐渐调节调压器，使输出电压升高至电机额定电压 U_N=220 V，断开电源开关，待电机停转。

（2）待电机完全停转后，合上电源开关，观察起动瞬间的电流，然后把开关 S 合向左边（△接法），电机进入正常运行，整个起动过程结束，观察起动瞬间电流表的显示值，并与其他起动方法作定性比较。

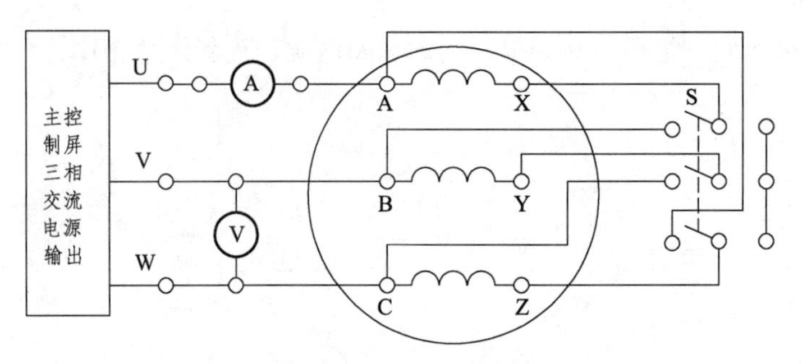

图 3-31　异步电动机星形-三角形起动实验接线

3. 自耦变压器降压起动

如图 3-31 所示接线，电机绕组为△接法。

（1）先把调压器退到零位，合上电源开关，调节调压器旋钮，使输出电压达 110 V，断开电源开关，待电机停转。

（2）待电机完全停转后，再合上电源开关，使电机经自耦变压器降压起动，观察电流表的瞬间读数值，经一定时间后，调节调压器使输出电压达电机的额定电压 U_N=220 V，整个起动过程结束。

4. 绕线式异步电动机转绕组串入可变电阻器起动

实验线路如图 3-32 所示，电机定子绕组 Y 形接法。转子串入的电阻由刷形开关来调节，调节电阻采用 NMEL-03/4 的绕线电机起动电阻（分 0、2、5、15、∞五挡），NMEL-13F 中“转矩控制”和“转速控制”开关拨向“转速控制”，“转速/转矩设定”电位器旋钮逆时针调节到底。

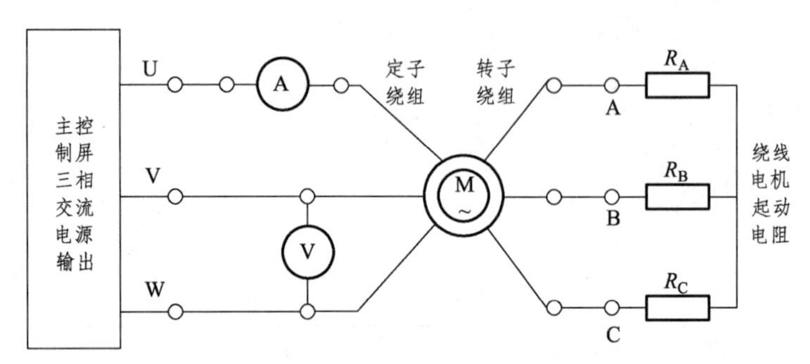

图 3-32　绕线式异步电动机转子绕组串电阻起动实验接线

实验步骤：

（1）起动电源前，把调压器退至零位，起动电阻调节为零。

（2）合上交流电源，调节交流电源使电机起动。注意电机转向是否符合要求。

（3）在定子电压为 180 V 时，顺时针调节“转速/转矩设定”电位器到底，绕线式电机转动缓慢（只有几十转），读取此时的转矩值 T_{ST} 和起动电流值 I_{ST}。

（4）用刷形开关切换起动电阻，分别读出起动电阻为 0 Ω、2 Ω、5 Ω、15 Ω 的起动转矩 T_{ST} 和起动电流 I_{ST}，填入表 3-22。

注意：实验时通电时间不应超过 20 s，以免绕组过热。

表 3-22　测量表　　U=180 V

R_{ST}/Ω	0	2	5	15
T_{ST}/（N·m）				
I_{ST}/A				

5. 绕线式异步电动机绕组串入可变电阻器调速

实验线路同前。NMEL-13F 中“转矩控制”和“转速控制”选择开关拨向“转矩控制”，“转速/转矩设定”电位器逆时针到底，NMEL-03/4“绕线电机起动电阻”调节到零。

（1）合上电源开关，调节调压器输出电压至 U_N=220 V，使电机空载起动。

（2）调节“转速/转矩设定”电位器调节旋钮，使电动机输出功率接近额定功率并保持输出转矩 T_2 不变，改变转子附加电阻，使其在 0 Ω、2 Ω、5 Ω、15 Ω 不同数值时，分别测出对应的转速，记录于表 3-23 中。

表 3-23　测量表　　U=220 V　　T_2=　　N·m

R_{ST}/Ω	0	2	5	15
n/（r/min）				

六、实验报告

（1）比较异步电动机不同起动方法的优缺点。

（2）由起动实验数据求下述三种情况下的起动电流和起动转矩：

① 外施额定电压 U_N。（直接法起动）

② 外施电压为 $U_N/\sqrt{3}$。（Y-△起动）

③ 外施电压为 U_K/K_A，式中 K_A 为起动用自耦变压器的变比。（自耦变压器起动）

（3）绕线式异步电动机转子绕组串入电阻对起动电流和起动转矩的影响。

（4）绕线式异步电动机转子绕组串入电阻对电机转速的影响。

实验九　单相异步电动机

一、实验目的

（1）用实验的方法测定单相电容起动异步电动机的技术指标和参数。
（2）用实验的方法测定单相电容运转异步电动机的技术指标和参数。

二、实验设备

DD03、DJ23、DJ19、DJ20、D31、D32、D33、D34-3、D42、D44、D51。

三、实验内容

（一）单相电容起动异步电动机

1. 空载实验

如图 3-33 所示接线，起动电容 C 选用 D44 上 35 μF 电容。

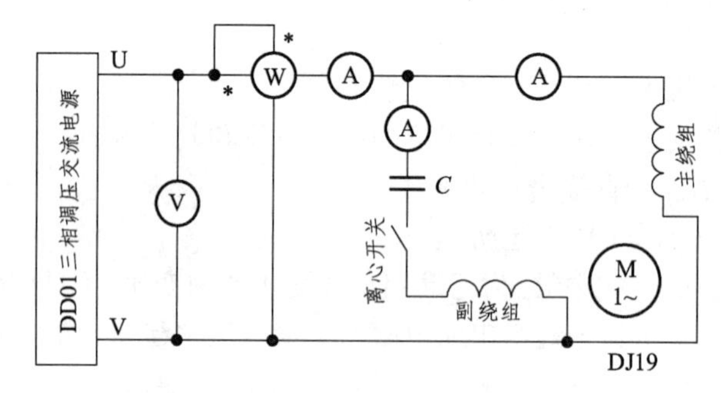

图 3-33　单相电容起动异步电动机接线

（1）调节调压器让电机降压空载起动，在额定电压下空载运转几分钟使电机机械损耗达到稳定。

（2）从 1.1 倍额定电压开始逐步降低，直至可能达到的最低电压值，即功率和电流出现回升时为止，其间测取电压 U_0、电流 I_0、功率 P_0 的 7 ~ 9 组数据记录于表 3-24。

表 3-24　测量表

序号	1	2	3	4	5	6	7	8	9
U_0/V									
I_0/A									
P_0/W									
$\cos\varphi_0$									

2. 负载实验

（1）负载电阻选用 D42 上 1 800 Ω 加上 900 Ω 并联 900 Ω 共 2 250 Ω 阻值。电动机 M 和测功机 MG 同轴联结，接通交流电源，升高电压至额定电压并保持不变。

（2）保持 MG 的励磁电流 I_f 为规定值，再调节 MG 的负载电流 I_F，使电动机在 1.1 ~ 0.25 倍额定功率范围内测取定子电流 I_1、输入功率 P_1、转矩 T_2、转速 n，共测取 7 ~ 9 组数据（其中额定点必测）记录于表 3-25。

表 3-25 测量表 U_N=220 V I_f=____mA

序号	1	2	3	4	5	6	7	8	9
I_1/A									
P_1/W									
I_F/A									
n/（r/min）									
T_2/（N·m）									
P_2/W									
$\cos\varphi$									
S									
η/%									

（二）单相电容运转异步电动机

1. 有效匝数比的测定

如图 3-34 所示接线，电容 C 选用 D44 上 4 μF 电容。

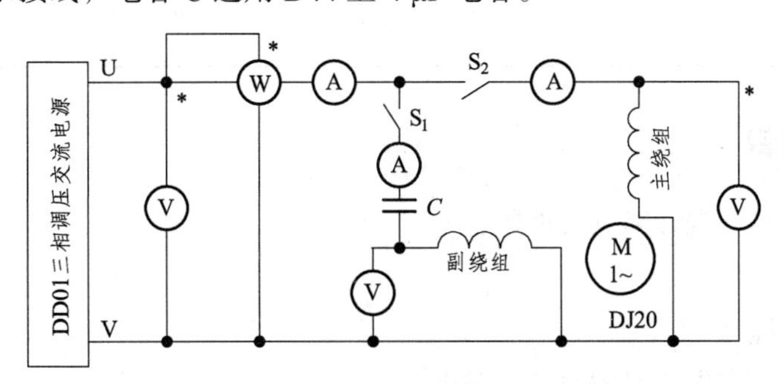

图 3-34 单相电容运转异步电动机接线

（1）降压空载起动，将副绕组开路（打开开关 S_1）。主绕组加额定电压 220 V，测量副绕组的感应电势 E_a。

（2）主绕组开路（打开开关 S_2）。加电压 U_a（U_a=1.25E_a）施于副绕组，测量主绕组的感应电势 E_m。

2. 空载实验

（1）降压空载起动，主绕组加额定电压空载运转 15 min 使电机机械损耗达到稳定。

（2）从 1.1 倍额定电压开始逐步降低到可能达到的最低电压值，即功率和电流出现回升时为止，其间测取电压 U_0、电流 I_0、功率 P_0 的 7 ~ 9 组数据记录于表 3-24。

3. 负载实验

（1）电动机 M 和测功机 MG 同轴联结，其中负载电阻选用 D42 上 1 800 Ω 加上 900 Ω 并联 900 Ω 共 2 250 Ω 阻值。

（2）空载起动电动机 M，调节交流电源的额定电压 220 V，保持 MG 的励磁电流 I_f 为规定值。

（3）调节 MG 的负载电流 I_F，使 M 在 1.1 ~ 0.25 倍额定功率范围内测取定子电流 I、输入功率 P_1、转矩 T_2、转速 n，共测取 7 ~ 9 组数据（其中额定点必测）记录于表 3-26。

表 3-26　测量表　　U_N=220 V　I_f=_____mA

序号	1	2	3	4	5	6	7	8	9
$I_{主}$/A									
$I_{副}$/A									
$I_{总}$/A									
P_1/W									
I_F/A									
n/（r/min）									
T_2/（N·m）									
P_2/W									
$\cos\varphi$									
S									
η/%									

四、实验报告

（1）由空载实验数据计算电机参数。

空载阻抗 Z_0：

$$Z_0=U_0/I_0$$

式中，U_0—对应于额定电压时的空载实验电压，V；

I_0—对应于额定电压时的空载实验电流，A。

空载电抗 X_0：

$$X_0=Z_0\sin\Phi_0$$

式中，Φ_0—空载实验额定电压与电流的相位差，可由 $\cos\Phi_0=P_0/(U_0I_0)$ 求得。

（2）计算单相电容运转异步电动机主、副绕组有效匝数比 K。

$$K=\sqrt{\frac{U_a\times E_a}{220E_m}}$$

（3）由负载实验数据绘制电机工作特性曲线 P_1、I_1、η、$\cos\Phi$、$s=f(P_2)$。

五、思考题

（1）由电机参数计算出的电机工作特性与实测数据是否有差异？它们是由哪些因素造成的？

（2）电容参数该怎样决定？电容怎样选配？

实验十　单相电容起动异步电动机

一、实验目的

用实验方法测定单相电容起动异步电动机的技术指标和参数。

二、预习要点

（1）单相电容起动异步电动机有哪些技术指标和参数？
（2）这些技术指标怎样测定？参数怎样测定？

三、实验项目

（1）测量定子主、副绕组的实际冷态电阻。
（2）空载实验、短路实验、负载实验。

四、实验设备及仪器

（1）实验台主控制屏。
（2）电机导轨及校正直流发电机 M01。
（3）交流电压表、电流表、功率、功率因数表（MEL-001D）。
（4）单相电容起动异步电动机（M05）。
（5）电机起动电容（35 uF）。
（6）直流电压、毫安、安培表（NMEL-06A）。
（7）直流电机仪表、电源（MMEL-18）。（位于实验台主控制屏的下部）
（8）三相可调电阻器 900Ω（NMEL-03）。
（9）开关板（NMEL-05B）。
（10）电机起动箱（NMEL-09）。

五、实验方法

被试电机为单相电容起动异步电动机 M05。

1. 分别测量定子主、副绕组的实际冷态电阻

测量方法见实验七中“冷态电阻的测量”，记录当时室温。测量数据记录于表 3-27。

2. 空载实验

实验步骤：
如图 3-35 所示单相电容起动异步电动机性能测试接线图进行接线，单相电动机起动电容

选用 35 μF。

单相电容起动异步电动机与校正直流发电机 M01 同轴联结。

表 3-27　测量表　　　　室温____ °C

测量项目	主绕组			副绕组		
I/mA						
U/V						
R/Ω						

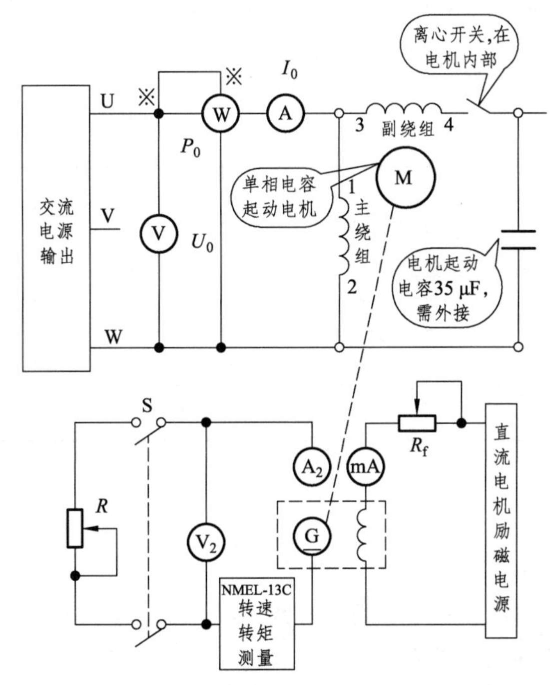

图 3-35　单相电容起动异步电动机性能测试接线

（1）起动单相异步电动机前，把交流电压调节旋钮退至零位，然后接通电源，逐渐升高电压，使异步电动机起动旋转，观察电机旋转方向。并使电动机的旋转方向符合要求。

（2）调节调压器让电机降压空载起动，在额定电压下空载运转使机械损耗达稳定。保持电动机在额定电压下空载运行 15 min，使机械损耗达到稳定后再进行实验。

（3）从 1.1 倍的电动机额定电压开始，逐步降低工作电压直至可能达到能够运转的最低电压值，即功率和电流出现回升时为止，其间测取 7 ~ 9 组数据，记录每组的电压 U_0、电流 I_0、功率 P_0 于表 3-28 中。

表 3-28　测量表

序号	1	2	3	4	5	6	7	8	9
U_0/V	53	45	65	42	100				
I_0/A	2.8	0.9	0.8	0.8	0.45				
P_0/W	41	37	46	33	24				

由空载实验数据计算出电动机的相关参数。步骤见实验九。

3. 负载实验

测量接线如图 3-35 所示，其中直流电机采用 M01，作校正测功机使用。R 采用 NMEL-03 的电阻串并联，阻值为 2 250 Ω。R_f 为 NMEL-09 的 3 000 Ω 电阻。

实验步骤：

（1）合上交流电源，调节调压器使之逐渐升压至额定电压，并在实验中保持此额定电压不变。

（2）合上直流电机励磁电源，调节励磁电阻 R_f，使励磁电流 I_f=130 mA，并合上负载开关 S，调节负载电阻 R，使电动机在 1.1 ~ 0.25 倍额定功率范围内测取 6 ~ 8 组数据，记录定子电流 I、输入功率 P_1、转矩 T_2、转速 n 于表 3-29 中。

表 3-29　测量表　　U_N=220 V

序号	1	2	3	4	5	6	7	8	9
I/V	1.157	1.145	1.144	1.151	1.153				
P_1/W	76.2	73.4	72.4	73.3	73.7				
T_2/（N·m）									
n/（r/min）	1 481	1 486	1 486	1 486	1 486				

六、实验报告

（1）由实验数据计算出电动机的基本参数。

（2）由负载实验计算出电动机工作特性：P_1、I_1、η、T_2、$S=f(P_2)$。

（3）计算出电动机的起动技术数据。

（4）电容参数的选择确定。

第四章

直流电机实验

实验一　直流电动机励磁方式实验

一、实验目的

（1）了解直流电动机的结构。
（2）掌握直流电动机的励磁方法和特性。
（3）了解不同类型的直流电机应用场所。

二、预习要点

（1）熟悉直流电动机的结构组成，清楚直流电动机的定子绕组和电枢绕组在电路和磁路中的作用。
（2）复习基本的电路分析方法。

三、实验项目

定子绕组和电枢绕组的线路连接。

四、实验设备

（1）Z2 系列小型直流电动机。
（2）常用电工工具和磁电式电流表、电压表。
（3）可调直流电源。

五、实验内容

按照如图 4-1 所示，进行四种励磁方式的绕组线路连接。连接中注意观察定子绕组、电枢绕组的导线直径和绕组匝数有何不同。每次不同励磁方式连接时，使用电流表对不同分路的电流进行测量，并从理论上对电磁关系进行定量分析。

1. 他励直流电机

励磁绕组由独立于主电源的其他电源供电，与电枢绕组之间没有电的联系，如图 4-1（a）

所示。永磁磁极的直流电机也应属于他励直流电机，因其励磁磁场与电枢无关。

2. 并励直流电机

励磁绕组与电枢绕组并联，如图 4-1（b）所示。一般励磁电压设计成等于电枢绕组端电压，所以并联励磁绕组的导线细而匝数多。

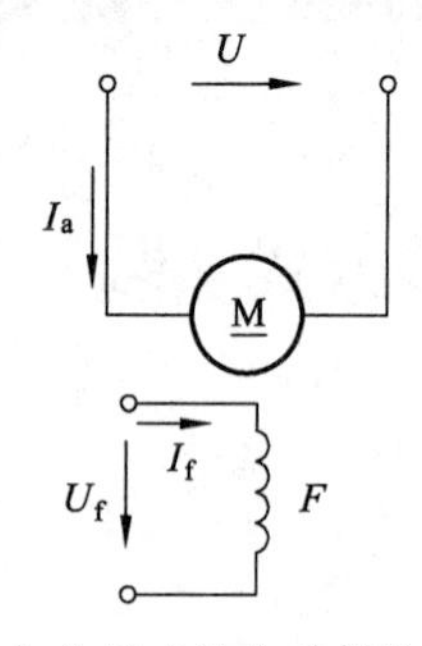

（a）他励直流电动机接线

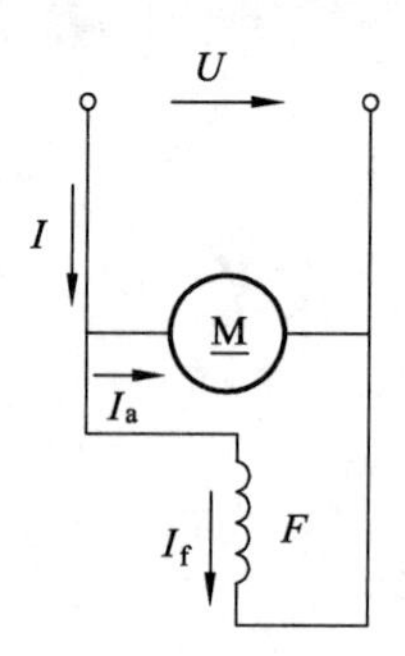

（b）并励直流电动机接线

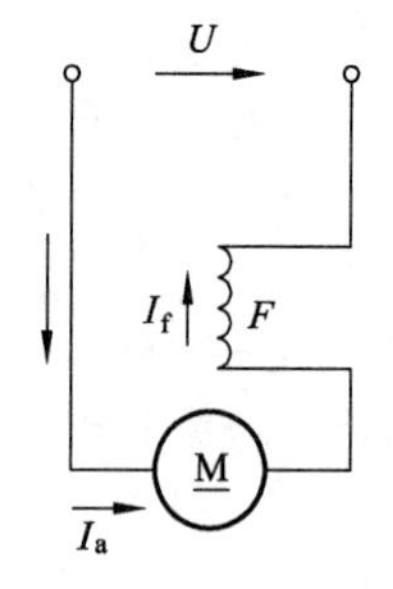

（c）串励直流电动机接线

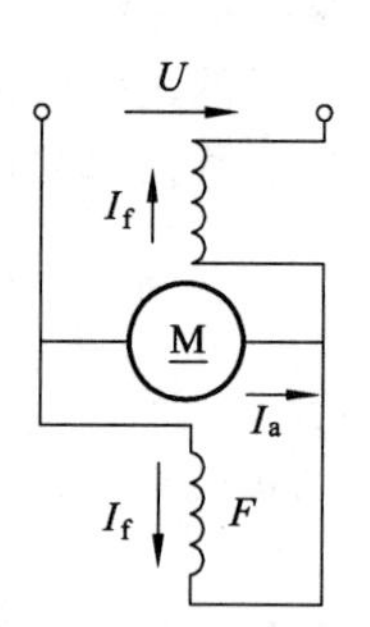

（d）复励直流电动机接线

图 4-1　直流电动机励磁方式接线

3. 串励直流电机

励磁绕组与电枢绕组串联，如图 4-1（c）所示。一般励磁电流等于电枢电流，所以串联励磁绕组的导线粗而匝数较少。

4. 复励直流电机

每个主磁极上同时套有两种励磁绕组，一个与电枢绕组并联，称为并励绕组；另一个与电枢绕组串联，称为串励绕组，如图 4-1（d）所示。两个绕组分别产生磁动势方向相同的称为积复励，两个磁动势方向相反的称为差复励。实验通常采用积复励方式。

六、实验报告

（1）直流电动机的励磁方式有哪几种？在这些不同的励磁方式中，电路和磁路有何特点？

（2）不同励磁方式的直流电动机主要应用在哪些场所？有什么特点？

实验二　直流电机认知实验

一、实验目的

（1）了解实验室电源状况及具体布置。
（2）认识电机机组及常用测量仪器、仪表等组件。
（3）熟悉直流电机运行前的一般性检查。
（4）掌握直流电动机的基本接线方法。
（5）掌握直流电机起动及调速方法。

二、实验内容

（1）了解实验室基本状况。
（2）直流电机运行前的一般性检查。
（3）直流电动机的接线。
（4）直流电动机的起动、调速及转向的改变。

三、预习要点

（1）直流电动机起动时应注意的问题。
（2）直流电动机停机时应注意的问题。
（3）使用测量仪表时应注意的问题。
（4）安全操作的注意事项。

四、实验原理

电机是用来进行机电能量转换的电磁装置。将直流电能转换为机械能的电机叫作直流电动机，将机械能转换为直流电能的电机叫作直流发电机。

直流电机由静止部分和转动部分组成。静止部分称为定子，包括主磁极、换向极、电刷装置和机座等主要部件。转动部分称为转子，又称电枢，它主要包括电枢铁心、电枢绕组、换向器、转轴和风扇等部件。

电动机从静止到稳定运行状态的过程，称为起动过程。为了克服静摩擦转矩和负载转矩，缩短起动时间，提高生产效率，要求电动机有足够的起动转矩 T_{st}。直流电动机在起动瞬间（n=0）的电磁转矩称为起动转矩：

$$T_{st}=C_T\Phi I_{st}\ (\mathrm{N\cdot m})$$

式中，I_{st}—起动电流，即在起动瞬间的电枢电流。

要使起动转矩 T_{st} 足够大，就要求磁通 Φ 和起动电流 I_{st} 也足够大。在起动开始瞬间，先将励磁绕组接上电源，并将其回路中的调节电阻全部切除或予以短路，使励磁电流尽可能大些，以保证起动时磁通为最大。

起动瞬间转速 $n=0$，电枢电动势 $E_a=C_e\Phi n$，流过电枢的起动电流 T_{st} 即为堵转电流 I_k。

$$I_{st}=I_k=\frac{U_N}{R_a}$$

由于电枢电阻 R_a 的数值很小，I_{st} 的数值可能达到额定值的十多倍，这样大的电枢电流将会导致换向困难，换向器上将产生很大的火花。同时电动机将产生过大的转矩和很高的加速度，使传动机构与生产机械受到很大的冲击力，可能损坏设备。此外，这样大的起动电流还会引起很大的线路压降，使电网电压不稳定。因而起动电流不允许过大。为了获得足够大的起动转矩，同时又限制起动电流在一定的范围内，需要在电枢电路中串入适当阻值的起动电阻 R_{st}，使起动电流 $I_{st}=\dfrac{U_N}{R_a+R_{st}}$ 限制在（1.5 ~ 2）I_N。

直流电动机的调速方法由公式 $n=\dfrac{U-I_aR_a}{C_e\Phi}$ 可以看出，其基本方法有三种：改变电枢电路的串联电阻、减弱磁通与降低供电电压。前两种是改变电动机回路参数的方法，后一种则是改变电源供电条件的方法。

电动机的转向决定于电磁转矩的方向，而电磁转矩则由磁通和电枢电流互相作用产生。由式 $T=C_T\Phi I_a$ 可知，若要改变电磁转矩的方向，只要改变磁通或电枢电流的方向即可。如果同时改变磁通和电枢电流的方向，则电磁转矩的方向仍然不变。因此，改变直流电动机的旋转方向有两种方法：一是保持电动机电枢两端电压的极性不变，将励磁绕组反接，使励磁电流反向，从而改变磁通的方向；二是保持励磁绕组两端的电压极性不变，将电枢绕组反接，使电枢电流改变方向。

五、实验方法

1. 了解实验室基本状况

（1）听取指导教师讲解电机实验的基本要求、实验规则及安全措施。

（2）熟悉实验室电源、开关及设备等的容量及布置。

2. 直流电机运行前的一般性检查

（1）用手转动直流电动机转轴，检查电机转动是否灵活，电机内有无摩擦和撞击声响。

（2）观察电机换向器表面，表面是否清洁光滑，换向片之间沟槽内的云母绝缘有无凸出现象。

（3）观察电刷装置的结构，电刷在刷握中不应太紧，弹簧压力应适当，电刷应与换向器表面保持良好的接触。

（4）选用合适的摇表（兆欧表）测出电机每个绕组对外壳的绝缘电阻以及各绕组间的绝缘电阻，并记入表 4-1。常温下绕组应具有的绝缘电阻值没有具体的规定，但对额定电压在 500 V 以下的电机，绝缘电阻值一般不应低于 0.5 MΩ。在工作温度下的绝缘电阻值 R_S，可参照下列经验公式考虑：

$$R_S \geqslant \frac{U_N}{1000+\frac{P_N}{100}} \text{ (M}\Omega\text{)}$$

（5）利用伏-安法（见图 4-2）测出电机电枢绕组的电阻。实验时直流电源电压应保持稳定，调节电阻 R_a 使电枢电流不大于额定电流的 20%，以免电机因存在剩磁而转动。测出电枢两端电压 U_a 和电枢电流 I_a，计算出电枢电阻 $R_a=\frac{U_a}{I_a}$。

实验时，如果从电枢的接线端子上测量电压，则计算出的电阻，包括电枢绕组电阻、换向器绕组电阻、其他串联绕组的电阻以及电刷与换向器之间的接触电阻。

为避免测量误差和电枢绕组不对称的影响，可以将电枢转到三个不同的位置，每个位置测量一次，将数据记入表 4-2，然后求取三次测量的算术平均值，并按下式求出折合到 75 °C 时的电阻值。

$$R_{75\,^\circ\mathrm{C}} = R_{a\theta}\frac{235+75}{235+\theta} \text{ (}\Omega\text{)}$$

式中，θ —室温，°C。

$R_{a\theta}$—室温下测得的电阻值。

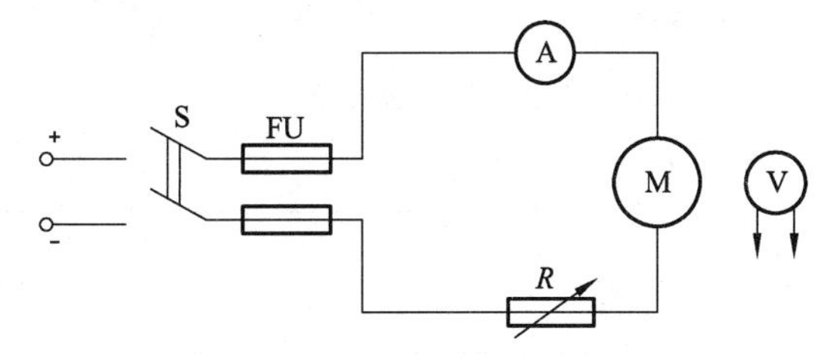

图 4-2　电机电枢绕组电阻的测试

表 4-1　实验记录表

绕组名称	绝缘电阻值/MΩ		
	对地（外壳）	对电枢绕组	对励磁绕组
电枢绕组			
励磁绕组			

3. 直流电机的接线

根据学校设备，本实验接线图可如图 4-3 或图 4-4 所示。图中 R_f 为励磁变阻器，R_{st} 为起动变阻器。接完线后，同组成员应相互检查，再经指导教师检查无误后，方可进行后续实验。

4. 直流电机的起动、调速及转向的改变

（1）直流电动机起动前应将励磁变阻器 R_f 置于阻值最小位置（磁场最强），以限制电动机起动后的转速及获得较大的起动转矩；起动变阻器 R_{st} 置于阻值最大位置，以限制电动机起动时的起动电流。

（2）先接通励磁电源，然后接通电枢电源，缓慢减小起动变阻器 R_{st} 阻值，直至起动变阻器阻值为零，直流电动机起动完毕；观察并记下直流电动机的转向。

（3）用转速表正确测量直流电动机的转速。适当调节励磁变阻器 R_f 的大小，观察电动机转速变化情况，但应注意电动机转速不能过高。

（4）先断开电枢电源，再断开励磁电源，待电动机完全停车后，分别改变直流电动机励磁绕组和电枢绕组的接法，再起动电动机，观察直流电动机的转向变化。

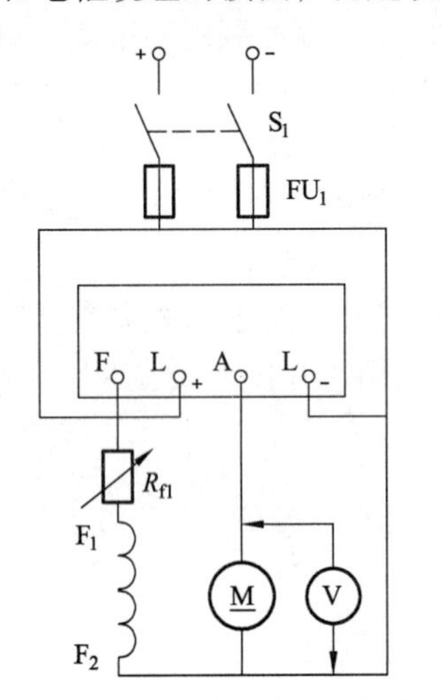

图 4-3　电机的起动、运行接线

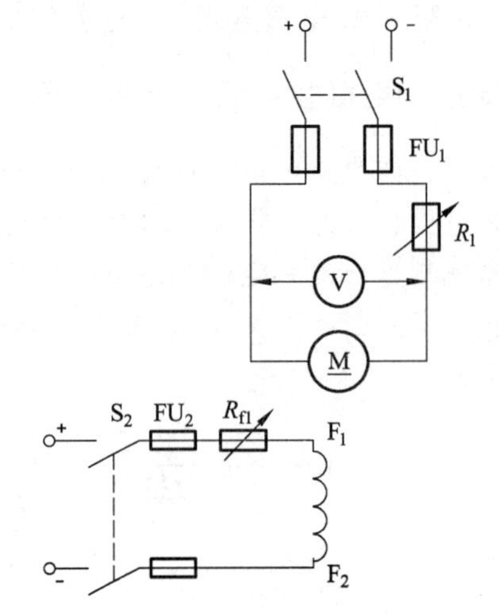

图 4-4　电机的起动、调速及转向接线

表 4-2　实验记录表　　U_a=　（V）　θ=　°C

电枢位置	电枢电流/A	电枢电阻/Ω
第一位置		
第二位置		
第三位置		
计算值		

六、实验设备

根据实验线路及实验室设备条件，正确选用实验设备及仪器，并记入表 4-3。

表 4-3　实验用设备及仪器

设备（仪器）名称	型号规格	数　量
直流电动机		
直流电压表		
直流电流表		
起动变阻器		
励磁变阻器		
转速表		
熔断器		
开关		

七、数据处理

（1）根据实验过程，整理实验步骤及方法。
（2）正确抄录实验用电机和测量仪表的型号及技术数据。
（3）正确抄录实验数据，并根据实验要求进行必要的计算。
（4）分析讨论实验中碰到的疑难问题，完成实验思考题。

八、思考分析

（1）直流电动机起动时，为什么要接入起动变阻器？
（2）直流电动机起动时，励磁回路中的励磁变阻器应调到什么位置？为什么？
（3）实验中，如果励磁回路断路，可能会产生什么后果？为什么？

实验三　直流电动机机械特性的测试

一、实验目的

（1）加深理解直流电动机机械特性电路的工作原理。

（2）画出直流电动机的固有机械特性。

二、实验内容

（1）用两种方法画出直流电动机的机械特性，并比较它们的差异。

（2）掌握两种方法求解电动机电阻 R_a。

三、实验线路（见图 4-5）

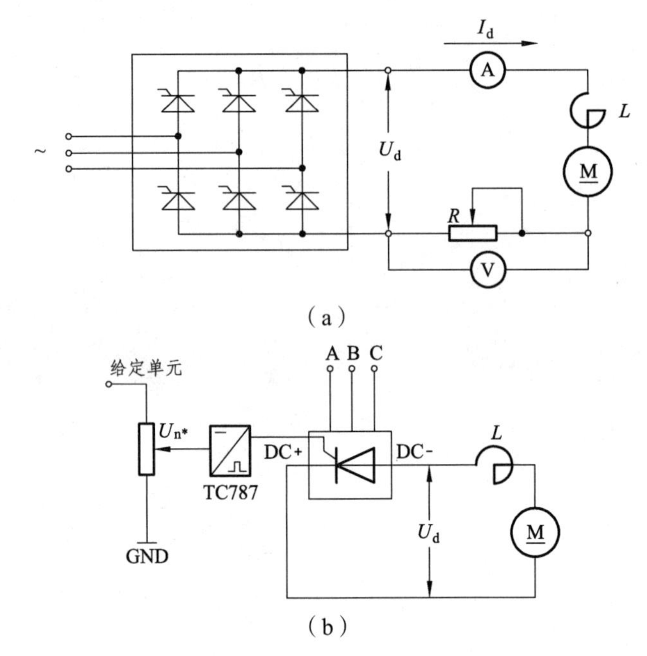

图 4-5　实验原理及实验接线

四、实验设备及仪器

（1）DJK-1 型交直流调速实验装置一台；

（2）直流电动机-发电机机组一组；

（3）记忆示波器一台或普通示波器一台；

（4）万用表一块；

（5）可调负载一台。

五、实验原理

他励式直流电动机的机械特性方程式的一般表达式为

$$n = \frac{U_{\mathrm{d}}}{C_{\mathrm{e}}\Phi} - \frac{R_{\Sigma}}{C_{\mathrm{e}}C_{\mathrm{T}}\Phi^{2}}T_{\mathrm{em}}$$

式中，U_d为电枢电源电压，V；R_{Σ}为电枢总电阻，由电枢电阻 R_a 和电枢回路附加电阻 R_e 组成，即 $R_{\Sigma}=R_a+R_e$，Ω；Φ 为气隙主磁通，Wb；C_e 为直流电动机的电动势常数，C_T 为直流电动机的转矩常数；T_{em} 为直流电动机的电磁转矩，N · m。

当他励式直流电动机的电源电压 $U_d=U_N$（电源额定电压）、气隙磁通 $\Phi=\Phi_N$、电枢回路没有附加电阻（即 $R_e=0$）时，电动机的机械特性称为固有机械特性。

改变固有机械特性方程中的电源电压 U_d、气隙磁通 Φ 和电枢回路附加电阻 R_e 中的任意一个，可以得到不同的人为机械特性。

当电枢回路没有串入附加电阻时，电动机的工作电压和磁通均为额定值时的机械特性，称为固有机械特性。当电枢回路串入电阻，降低电源电压或减弱磁通都可以得到不同的人为机械特性。

六、实验方法

1. 实验准备步骤

（1）熟悉本实验系统的构成。

（2）开电源开关及主控开关，用示波器依次测量 DS001 板上同步变压器的输出 A、B、C 的波形，检测是否 B 相滞后 A 相 120°、C 相滞后 B 相 120°，若不是则调换主控面板后隔离变压器三相输入的位置。

（3）根据铭牌数据估算电枢回路电阻 R_a，计算 $C_e\Phi_N$，并画出电机的固有机械特性。

（4）用伏安比较法测定电枢回路的电阻，其实验线路如图 4-5 所示。变阻器 R 取适当值，正确接线、电动机 M 不接励磁并堵转。调节 U_{CT} 使整流装置的输出电压 U_d=（30 ~ 70）U_{nom}，调节 R 使 I_d=（60 ~ 80）I_{nom}。

（5）控板上三相输入端子 A、B、C 依次接到 DS001 板上第一组晶闸管的三相输入 U、V、W，注意不能接错，否则晶闸管的触发电路将不正常。

2. 接线

如图 4-5（b）所示接好线：DS003 板上给定单元输出 U_{n*} 接 DS001 板上 TC787 控制端 U_k；主控板上电动机电枢经电流传感器，其两端分别接 DS001 晶闸管两个整流输出端子；电动机励磁接励磁电源；发电机电枢接可调电阻；发电机励磁接励磁电源。完成接线，经指导老师检查无误后，合闸开电。

3. 进行实验

调节给定电压，使电动机电枢电压到额定电压 110 V，逐步调节可调负载使电枢电流达到额定电流 4.4 A，励磁电源达到 110 V，读取被试电动机电枢电流 I_a、转速 n 和负载发电机电

压 U_G、电枢电流 I_G 的 5 ~ 6 组数据填入表 4-4。

表 4-4　测量表　　U=______V

序号	测量值			
	I_a/A	n/（r · min^{-1}）	U_G/V	I_G/A
1				
2				
3				
4				
5				

七、实验要求

（1）实验前一定要预习课本与实验指导书。

（2）分析直流电机的机械特性的基本原理。

（3）用两种方法画出直流电机的固有的机械特性。

（4）他励式直流电动机的工作特性如何测定？试画出其机械特性曲线。

实验四　直流电动机降压调速

一、实验目的

加深理解直流电动机降压调速电路的工作原理。

二、实验内容

直流电动机降压调速。

三、实验线路（见图 4-6）

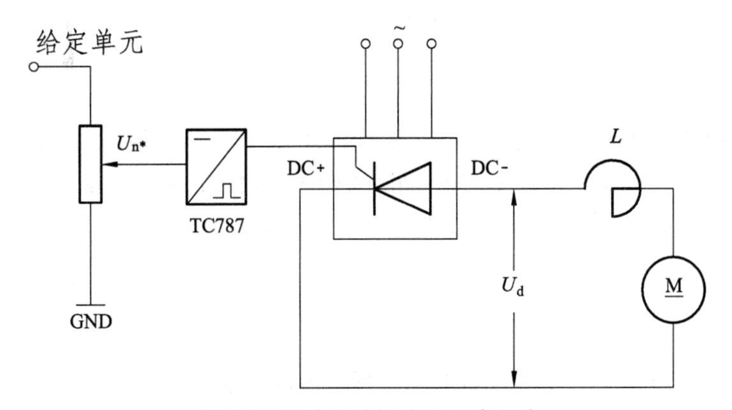

图 4-6　直流电动机降压调速电路

通过调节晶闸触发角来改变整流输出电压，从而改变电动机的电枢两端电压，达到调速的目的。

四、实验设备及仪器

（1）DJK-1 型交直流调速实验装置一台；
（2）直流电动机-发电机机组一组；
（3）记忆示波器一台或普通示波器一台；
（4）数字式万用表一块；
（5）可调负载一台；
（6）他励式直流电动机一台。

五、实验原理

当电枢回路没有串入附加电阻，电动机的工作电压和磁通均为额定值时的机械特性，称为固有机械特性。电枢回路串入电阻、降低电源电压或减弱磁通都可以得到不同的人为机械特性。

由此可知，直流电动机的调速方法有三种：增加电枢回路的串联电阻使转速下降；减弱每极磁通使转速上升；降低电源电压使转速下降。

六、实验方法

1. 实验准备步骤

（1）本实验系统的构成。

（2）开电源开关及主控开关，用示波器依次测量 DS001 板上同步变压器的输出 A、B、C 的波形，检测是否 B 相滞后 A 相 120°、C 相滞后 B 相 120°，若不是则调换主控面板后隔离变压器三相输入的位置。

（3）断开电源。

（4）控板上三相输入端子 A、B、C 依次接到 DS001 板上第一组晶闸管的三相输入 U、V、W，注意不能接错，否则晶闸管的触发电路将不正常。

2. 接　线

接好线：DS003 板上给定单元输出 U_{n*} 接 DS001 板上 TC787 控制端 $\mathrm{U_k}$；主控板上电动机电枢经电流传感器，其两端分别接 DS001 晶闸管两个整流输出端子；电动机励磁接励磁电源；发电机电枢接可调电阻；发电机励磁接励磁电源。完成接线，经指导老师检查无误后，合闸送电。

3. 进行实验

（1）调节给定电压，使电动机电枢电压为额定电压 110 V，逐步调节可调负载使电枢电流达到额定电流 4.4 A，读取被试电动机电枢电流 I_a、转速 n 和负载发电机电压 U_G、电枢电流 I_G 的 5 ~ 6 组数据填入表 4-5。

表 4-5　测量表　　　　U=____V

序号	测量值			
	I_a/A	n/（r · min^{-1}）	U_G/V	I_G/A
1				
2				
3				
4				
5				

（2）降低电枢电压至 100 V、80 V、60 V，对应每一定值电压，按上述相同方法进行实验，并分别读取 5 ~ 6 组数据填入表 4-5。

七、实验要求与报告

（1）实验前一定要预习课本与实验指导书。
（2）分析降压调速的基本原理。
（3）画出直流降压调速的机械特性。
（4）他励式直流电动机工作特性可如何测定？试画出机械特性曲线。

实验五　直流电动机弱磁调速

一、实验目的

加深理解直流电动机弱磁调速电路的工作原理。

二、实验内容

直流电动机弱磁调速。

三、实验线路（见图 4-7）

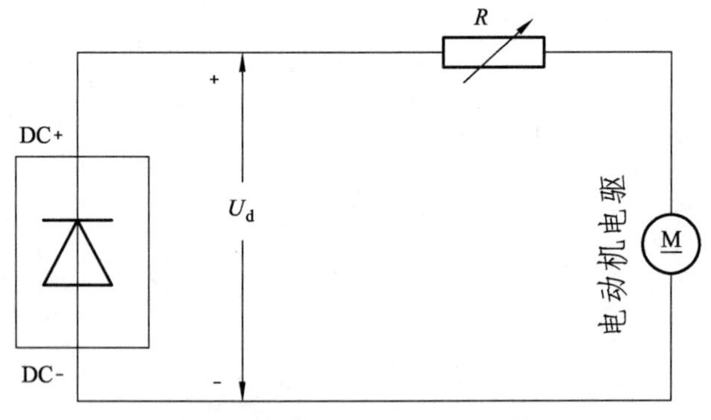

图 4-7　直流电动机弱磁调速电路

四、实验设备及仪器

（1）DJK-1 型交直流调速实验装置（带 DS006 挂箱）一台；
（2）直流电动机-发电机机组一组；
（3）记忆示波器一台或普通示波器一台；
（4）万用表一块；
（5）可调负载一台。

五、实验原理

当电枢回路没有串入附加电阻，电动机的工作电压和磁通均为额定值时的机械特性，称为固有机械特性。当电枢回路串入电阻、降低电源电压或减弱磁通都可以得到不同的人为机械特性。

由此可知，直流电动机的调速方法有三种：增加电枢回路的串联电阻使转速下降；减弱每极磁通使转速上升；降低电源电压使转速下降。

六、实验方法

1. 实验准备步骤

（1）了解本实验系统的构成。

（2）打开电源开关及主控开关用示波器依次测量 DS001 板上同步变压器的输出 A、B、C 的波形，检测是否 B 相滞后 A 相 120°、C 相滞后 B 相 120°，若不是则调换主控面板后隔离变压器三相输入的位置。

（3）断开电源。

（4）主控板上三相输入端子 A、B、C 依次接到 DS001 板上第一组晶闸管的三相输入 U、V、W，注意不能接错，否则晶闸管的触发电路将不正常。

2. 接线

接好线：主控板上电动机电枢经电流传感器接 DS001 板晶闸管整流两输出端；电动机励磁串接 DS006 数字挂箱上的可调电阻，接到励磁电源；发电机电枢接可调负载；发电机励磁接励磁电源。经指导老师检验无误后，合闸开电。

3. 进行实验

（1）调节 DS006 板上的可调电阻，即改变电动机励磁电压，使励磁电压达到额定电压 110 V，逐步调节可调负载使电枢电流达到额定电流 4.4 A，读取被试电动机电枢电流 I_a、转速 n 和负载发电机电压 U_G、电枢电流 I_G 的 5 ~ 6 组数据填入表 4-6。

表 4-6 测量表 $U_\Phi =$ V

序号	测量值			
	I_a/A	n/（r · min^{-1}）	U_G/V	I_G/A
1				
2				
3				
4				
5				

（2）降低励磁电压至 100 V、80 V、60 V，对应每一定值电压，按上述相同方法进行实验，并分别读取 5 ~ 6 组数据填入表 4-6。

（3）再取三个电阻值，对应每电阻值，按上述相同方法进行实验，并分别取 5 ~ 6 组数据填入表 4-6。

七、实验要求与报告

（1）实验前一定要预习实验书与课本。

（2）分析弱磁调速的基本原理。

（3）画出直流弱磁调速的机械特性。

实验六　直流电动机反向起动

一、实验目的

加深理解直流电动机反向起动的工作原理。

二、实验内容

直流电动机的反向起动。

三、实验设备及仪器

（1）DJK-1 型交直流调速实验装置（带 DS006 挂箱）一台；
（2）直流电动机-发电机机组一组；
（3）可调负载箱一个；
（4）记忆示波器一台或普通示波器一台；
（5）万用表一块；
（6）转速表一块。

四、实验原理

电动机的转向取决于电磁转矩的方向，而要改变电磁转矩的方向，只要改变磁通或电枢电流的方向即可。因此，改变直流电动机的方向的方法有两种：一是保持电动机电枢电压的极性不变，将励磁绕组反接，即改变励磁电流的方向；二是保持励磁绕组两端的电压极性不变，将电枢绕组反接，从而改变电枢电流的方向。如图 4-8 所示。

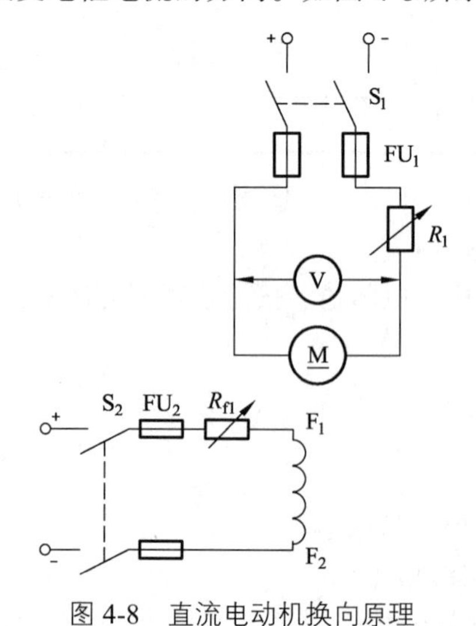

图 4-8　直流电动机换向原理

五、实验要求

（1）设计一直流电动机反向起动电路。

（2）实验前一定要预习实验书与课本，了解本实验系统的构成，设计好直流电动机反向起动电路后，自己接线，经指导老师检验无误后，合闸开电。

（3）调节可调负载，使电枢电压达到额定电压 110 V，当转速稳定后，记下此时的转速 n。

（4）切断电源，用两种方法使电机反向起动，重新起动电动机，观察电动机的转动方向，记下稳定后的转速 n。

六、实验报告

（1）分析直流反向起动的基本原理。

（2）画出直流反向起动的机械特性。

（3）总结直流电动机反转的方法。

实验七　并励直流电动机特性实验

一、实验目的

（1）掌握用实验方法测取并励直流电动机的工作特性和机械特性。
（2）掌握直流电动机的调速方法。

二、预习要点

（1）什么是直流电动机的工作特性和机械特性？
（2）直流电动机调速原理是什么？

三、实验项目

1. 工作特性和机械特性

保持 $U=U_N$ 和 $I_f=I_{fN}$ 不变，测取 n、T_2、$n=f(I_a)$及 $n=f(T_2)$。

2. 调速特性

（1）改变电枢电压调速。
保持 $U=U_N$、$I_f=I_{fN}$=常数，T_2=常数，测取 $n=f(U_a)$。
（2）改变励磁电流调速。
保持 $U=U_N$，T_2=常数，$R_1=0$，测取 $n=f(I_f)$。
（3）观察能耗制动过程。

四、实验设备

（1）直流电动机电枢电源（NMEL-18/1）。
（2）直流电动机励磁电源（NMEL-18/2）。
（3）可调电阻箱（NMEL-03/4）。
（4）电机导轨及测功机、转速转矩测量（NMEL-13F）。
（5）开关（NMEL-05D）。
（6）直流电压、电流表。
（7）直流并励电动机 M03。

五、实验方法

1. 并励电动机的工作特性和机械特性

实验接线如图 4-9 所示，直流电压表量程为 300 V、直流电流表量程为 2 A。

（1）将直流电动机励磁电源调至最大，直流电动机电枢电源调至最小。检查涡流测功机与 NMEL-13F 是否相连，将 NMEL-13F“转速控制”和“转矩控制”选择开关拨向“转矩控制”，“转速/转矩设定”旋钮逆时针旋到底，使船形开关处于“ON”，按本章实验一方法起动直流电机，使电机旋转，并调整电机的旋转方向，使电机正转。

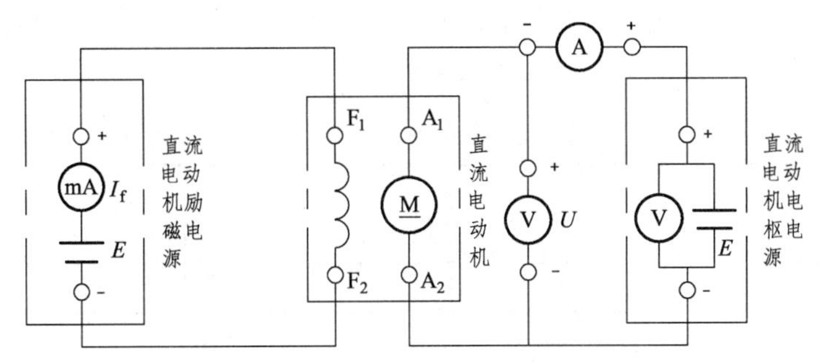

图 4-9　并励式直流电动机接线

（2）直流电机正常起动后，调节直流电动机电枢电源的输出至 220 V，再分别调节直流电动机励磁电源和“转速/转矩设定”旋钮，使电动机达到额定值：$U=U_N=220$ V，$I=I_N$，$n=n_N=$ 1 600 r/min，此时直流电机的励磁电流 $I_f=I_{fN}$（额定励磁电流）。

（3）保持 $U=U_N$，$I_f=I_{fN}$ 不变的条件下，逐次减小电动机的负载，即逆时针调节“转速/转矩设定”旋钮，测取电动机电枢电流 I、转速 n 和转矩 T_2，共取 7 ~ 8 组数据填入表 4-7。

表 4-7　测量表　　$U=U_N=220$ V　$I_f=I_{fN}=$　　mA

实验数据	I/A								
	n/（r/min）								
	T_2/（N·m）								
计算数据	P_2/W								
	P_1/W								
	η/%								
	$\triangle n$/%								

2. 调速特性

（1）改变电枢端电压的调速实验。

① 起动直流电机后，同时调节“转速/转矩设定”旋钮、直流电动机电枢电压和直流电动机励磁电流，使电动机的 $U=U_N$，$I=0.5I_N$，$I_f=I_{fN}$，记录此时的 $T_2=$（　　）N·m。

② 保持 T_2 与 $I_f=I_{fN}$ 不变，逐次降低电枢两端的电压 U，每次测取电压 U、转速 n 和电枢电流 I，共取 7 ~ 8 组数据填入表 4-8。

表 4-8　测量表　　$I_f=I_{fN}=$　　mA，$T_2=$　　N·m

U/V								
n/（r/min）								
I/A								

（2）改变励磁电流的调速实验。

① 直流电动机起动后，将直流电动机励磁电流调至最大，调节直流电动机电枢电源为 220 V，调节“转速/转矩设定”旋钮，使电动机的 $U=U_N$，$I_a=0.5I_N$，记录此时的 T_2=（　　）N·m。

② 保持 T_2 和 $U=U_N$ 不变，逐次减小直流电动机励磁电流，直至 $n=1.3n_N$，每次测取电动机的 n、I_f 和 I_a，共取 7 ~ 8 组数据填写入表 4-9。

表 4-9　测量表　　　　$U=U_N$=220 V，T_2=　　N·m

n/（r/min）								
I_f/A								
I/A								

（3）能耗制动实验。

如图 4-10 所示进行线路连接。图中 R_1 为采用 NMEL-03/4 实验箱中的电阻 R_1；S 为采用实验箱中的双刀双掷开关（NMEL-05D）。

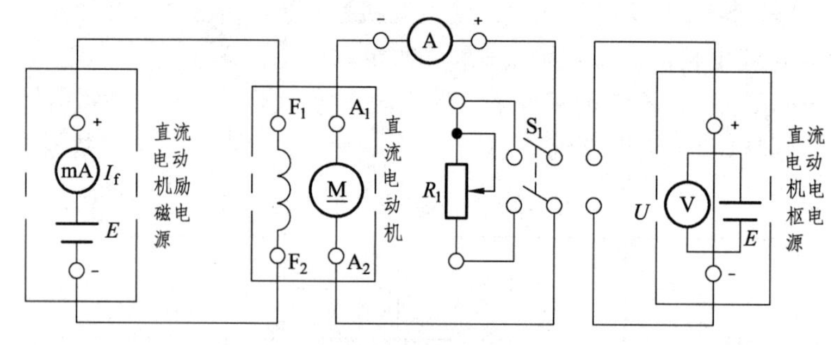

图 4-10　并励式直流电动能耗制动接线

① 将开关 S_1 合向电枢电源端，电枢电源调至最小，磁场电源调至最大，起动直流电机。

② 运行正常后，将开关 S_1 合向中间位置，使电枢开路，电机处于自由停机，记录停机时间。

③ 重复起动电动机，待运转正常后，把 S_1 合向电阻 R_1 端，选择不同 R_1 阻值，观察 R_1 值对停机时间的影响，记录停机时间。

六、实验报告

（1）从表 4-9 中计算出该台电动机的 P_2 和 η，并绘出 n、T_2、$\eta=f(I_a)$ 及 $n=f(T_2)$ 的工作特性曲线。

电动机的输出功率：

$$P_2=0.105nT_2 \tag{4-1}$$

式中，输出转矩 T_2 的单位为 N·m，转速 n 的单位为 r/min。

电动机的功率及效率计算公式如下。

电动机输入功率：

$$P_1=UI \tag{4-2}$$

电动机效率：

$$\eta = \frac{P_2}{P_1} \times 100\% \tag{4-3}$$

由工作特性，利用式（4-3）求出转速变化率：

$$\Delta n = \frac{n_0 - n_N}{n_N} \times 100\% \tag{4-4}$$

（2）绘出并励电动机调速特性曲线 $n=f(U)$和 $n=f(I_f)$。分析在恒转矩负载时两种调速的电枢电流变化规律以及两种调速方法的优缺点。

（3）能耗制动时间与制动电阻 R_1 的阻值有什么关系？该制动方法有什么缺点？

（4）并励电动机的速率特性 $n=f(I_a)$为什么是略微下降？是否会出现上翘现象？为什么？上翘的速率特性对电动机运行有何影响？

（5）当电动机的负载转矩和励磁电流不变时，减小电枢端压，为什么会引起电动机转速降低？

（6）当电动机的负载转矩和电枢端电压不变时，减小励磁电流会引起转速的升高，为什么？

（7）并励电动机在负载运行中，当磁场回路断线时是否一定会出现“飞速”？为什么？

实验八　他励式直流电动机机械特性实验

一、实验目的

了解他励直流电动机的各种运转状态时的机械特性。

二、预习要点

（1）改变他励直流电动机械特性有哪些方法？

（2）他励直流电动机在什么情况下，从电动机运行状态进入回馈制动状态？他励直流电动机回馈制动时，能量传递关系、电动势平衡方程式及机械特性又是什么情况？

（3）他励直流电动机反接制动时，能量传递关系、电动势平衡方程式及机械特性是怎样的？

三、实验项目

（1）电动及回馈制动特性。

（2）电动及反接制动特性。

（3）能耗制动特性。

四、实验设备

（1）电机导轨及转速表

（2）可调电阻（NMEL-03/4）。

（3）开关板（NMEL-05D）。

（4）直流电压、电流表。

（5）直流电动机电枢电源（NMEL-18/1）。

（6）直流电动机励磁电源（NMEL-18/2）。

（7）直流发电机励磁电源（NMEL-18/3）。

五、实验方法

1. 电动及回馈制动特性实验

实验接线如图 4-11 所示。M 为直流发电机 M01 作电动机使用（接成他励方式）；G 为直流并励电动机 M03（需要接成他励励磁方式），U_N=220 V，I_N=1.1 A，n_N=1 600 r/min；直流电压表量程为 300 V；直流电流表量程为 5 A；R_1 为 NMEL-03/4 实验箱中 R_2 的两组电阻并联再与 R_3 的两组电阻并联后相互串联而得；开关 S_1、S_2 选用 NMEL-05D 中的双刀双掷开关。

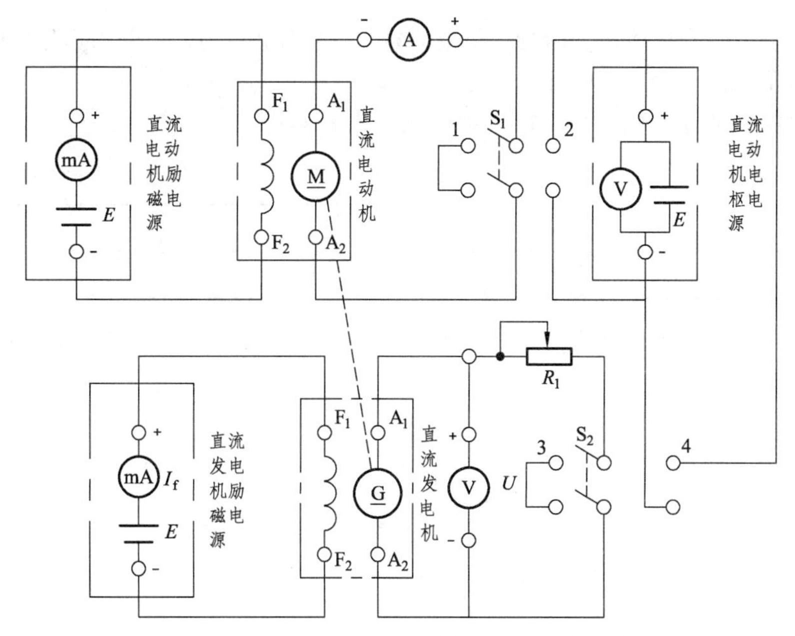

图 4-11　他励式直流电动机机械特性实验接线

实验前准备：接好线，在开启电源前，检查开关、电阻等元件的连接及设置完好情况。

（1）开关 S_1 合向“2”端，S_2 合向“3”端。

（2）将 R_2 阻值调至最大位置，直流发电机励磁电源、直流电动机励磁电源也调至最大，直流电动机电枢电源调至最小。

（3）直流电动机励磁电源船形开关、直流发电机励磁电源船形开关和直流电动机电枢电源船形开关必须放在“断开”位置。

实验步骤：

（1）按次序先按下绿色“闭合”电源开关，再合直流电动机励磁电源、直流发电机励磁电源船型开关和直流电动机电枢电源船形开关，使直流电动机 M 起动运转，调节直流电机电枢电源，使 U_N=220 V。

（2）分别调节直流电动机 M 的励磁电源，发电机 G 励磁电源、负载电阻 R_1，使直流电动机 M 的转速 n_N=1 600 r/min，$I_f+I_a=I_N$=0.55 A，此时 $I_f=I_{fN}$，记录此值。

（3）保持电动机的 $U=U_N$=220 V，$I_f=I_{fN}$ 不变，改变 R_1 及直流发电机励磁电源，测取 M 在额定负载至空载范围的 n、I_a，共取 5 ~ 6 组数据填入表 4-10。

表 4-10　测量表　　　U_N=220 V　　I_{fN}=　　A

I_a/A						
n/（r/min）						

（4）去掉开关 S_2 的短接线，调节直流发电机励磁电源，使发电机 G 的空载电压达到最大值（不超过 220 V），并且极性与电动机电枢电压相同。

（5）保持电枢电源电压 $U=U_N$=220 V，$I_f=I_{fN}$，把开关 S_2 合向“4”端，把 R_1 值减小，直至为零。再调节直流发电机励磁电源使励磁电流逐渐减小，电动机 M 的转速升高，当电流表 A_1 的电流值为 0 时，此时电动机转速为理想空载转速，继续减小直流发电机励磁电流，则电动机进入第二象限回馈制动状态运行直至电流接近 0.8 倍额定值(实验中应注意电动机转速不超过 2 100 r/min)。

测取电动机 M 的 n、I_a，共取 5 ~ 6 组数据填入表 4-11。

表 4-11　测量表　　　　U_N=220 V　　I_{fN}=　　A

I_a/A						
n/（r/min）						

在公式 $T_2=C_M\Phi I_2$ 中，$C_M\Phi$ 为常数，而 $T\propto I_2$，为简便起见，只要求 $n=f(I_a)$特性，如图 4-12 所示。

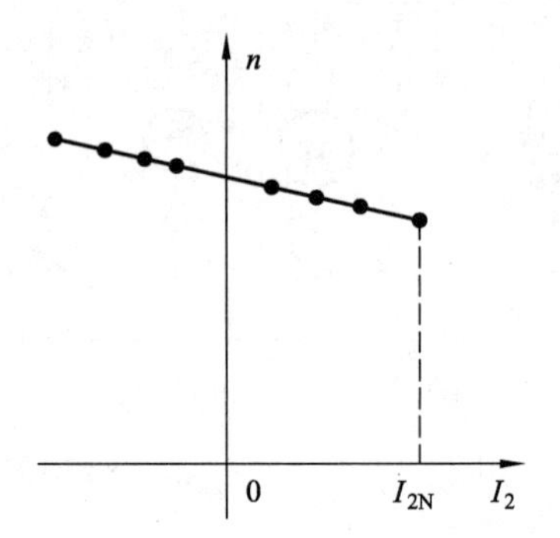

图 4-12　他励式直流电动机电动机回馈制动特性

2. 电动及反接制动特性实验

实验接线如图 4-13 所示。

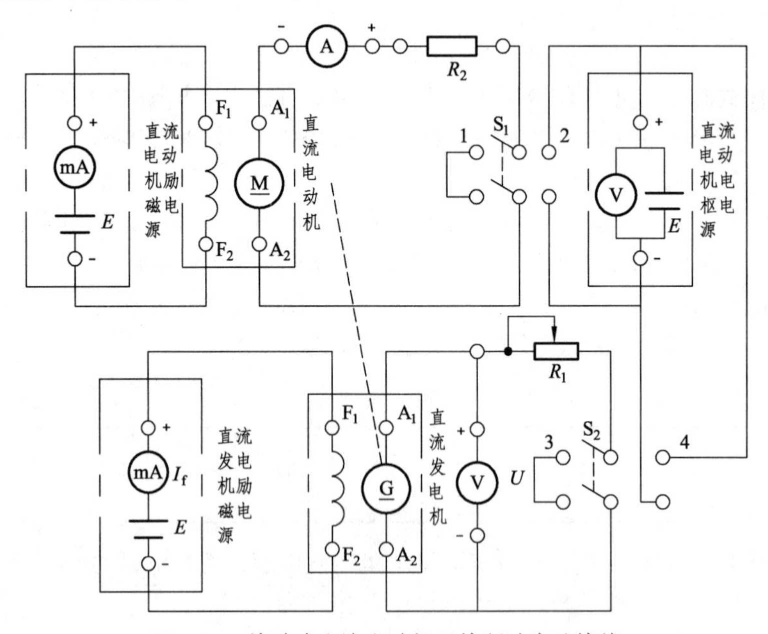

图 4-13　他励式直流电动机反接制动实验接线

实验前准备：

（1）R_2 为 NMEL-03/4 中 R_6，为 900 Ω/200 W 电阻；NMEL-03/4 中 R_2 的两组电阻并联与

R_3的两组电阻并联后相互串联再与 R_1 串联。

（2）S_1合向“2”端，S_2合向“3”端（短接线拆掉），把发电机 G 的电枢两个插头对调。

实验步骤：

（1）在未上电源前，直流发电机励磁电源及直流电动机励磁电源调至最大值，直流电动机电源调至最小值，R_2置为 900 Ω 固定电阻。

（2）按前述方法起动电动机，测量发电机 G 的空载电压是否和直流稳压电源极性相反，若极性相反可把 S_2含向“4”端。

（3）调节直流电动机电枢电源电压使 $U=U_N=220$ V，调节直流电动机励磁电源使 $I_f=I_{fN}$。保持以上值不变，逐渐减小 R_1阻值（注意：先减小 NMEL-03/4 中的 R_1电阻，当该电阻减小至最小后用导线短接该电阻，然后再分别减小 NMEL-03/4 中的 R_2和 R_3电阻），电机减速直至为零，继续减小 R_1阻值，此时电动机工作于反接制动状态运行（第四象限）。

（4）再减小 R_1阻值，直至电动机 M 的电流接近 0.4 倍 I_N，测取电动机在第 1、第 4 象限的 n、I_2，共取 5 ~ 6 组数据记录于表 4-12。

表 4-12　测量表　　　　R_2=900 Ω　U_N=220 V　I_{fN}=　　A

I_2/A							
n/（r/min）							

为简便起见，画 $n=f(I_a)$，如图 4-14 所示。

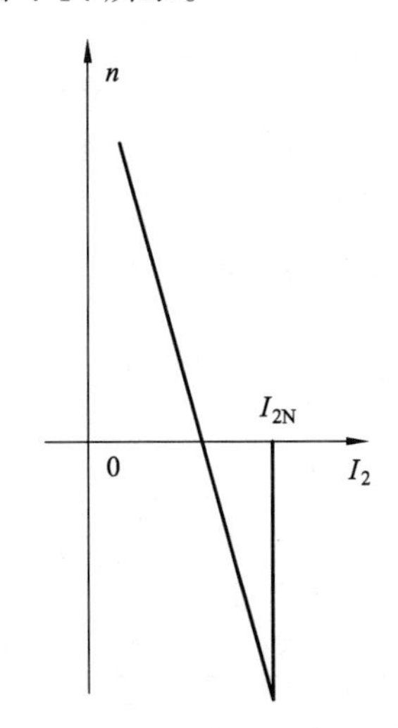

图 4-14　他励式直流电动机电动及反接制动特性

3. 能耗制动特性实验

接线如图 4-15 所示，R_1为 NMEL-03/4 中的 R_2两组电阻并联，R_2为 NMEL-03/4 中的 R_3两组电阻并联。

操作前，把 S_1合向“1”端，直流发电机励磁电源及直流电动机励磁电源调至最大值，直流电动机电源调至最小值，R_1置 360 Ω，R_2置 300 Ω，S_2合向“4”端。

按前述方法起动发电机 G（此时作电动机使用），调节直流电动机电枢电源使 $U=U_N=220$ V，调节直流电动机励磁电源使电动机 M 的 $I_f=I_{fN}$，调节直流发电机励磁电源使发电机 G

的 I_f=80 mA，调节 R_2 并先使 R_2 阻值减小，使电机 M 的能耗制动电流 I_a 接近 $0.4I_{aN}$ 值，记录于表 4-13 中。

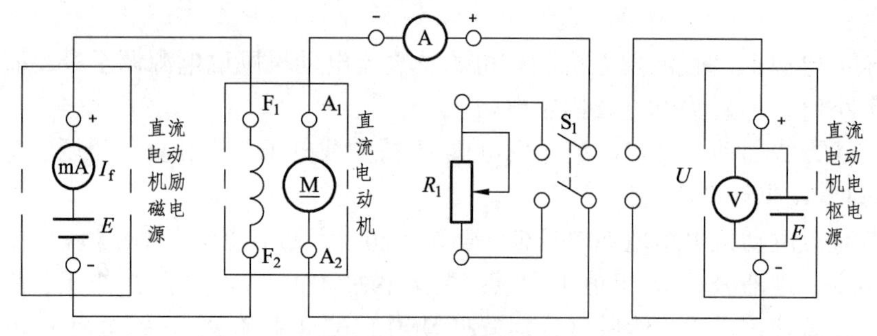

图 4-15　他励式直流电动机能耗制动电路

表 4-13　测量表　　R_2=360 Ω　　I_{fN}=　mA

I_a/A							
n/（r/min）							

调节 R_1 至 180 Ω，重复上述实验步骤，测取 I_a、n，共取 5 ~ 6 组数据，记录于表 4-14 中。

表 4-14　测量表　　R_2=180 Ω　　I_{fN}=　mA

I_a/A							
n/（r/min）							

当忽略不变损耗时，可近似认为电动机轴上的输出转矩等于电动机的电磁转矩 $T=C_M\Phi I_a$，他励式直流电动机在磁通 Φ 不变的情况下，其机械特性可以由曲线 $n=f(I_a)$来描述。画出以上两条能耗制动特性曲线 $n=f(I_a)$，如图 4-16 所示。

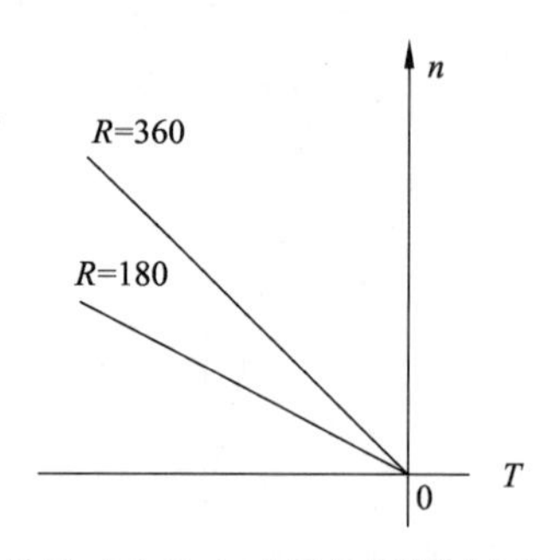

图 4-16　他励式直流电动机能耗制动机械特性曲线

六、注意事项

调节串并联电阻时，要按电流的大小而相应调节串联或并联电阻，防止电阻过流烧毁熔断丝。

实验九　直流电动机的综合实验

一、实验目的

（1）学习电机实验的基本要求与安全操作注意事项。

（2）认识在直流电机实验中所用的电机、仪表、变阻器等部件及使用方法。

（3）熟悉他励电动机（即并励电动机按他励方式）的接线、起动、改变电机方向与调速的方法。

二、预习要点

（1）如何正确选择使用仪器仪表，特别是电压表、电流表的量程？

（2）直流电动机起动时，励磁电源和电枢电源应如何调节？若励磁回路断开造成失磁时，会产生什么严重后果？

（3）直流电动机调速及改变转向的方法。

三、实验项目

（1）了解电机系统教学实验台中的直流稳压电源、涡流测功机、变阻器、多量程直流电压表、电流表、毫安表及直流电动机的使用方法。

（2）用伏安法测直流电动机和直流发电机的电枢绕组的冷态电阻。

（3）直流他励电动机的起动、调速及改变转向。

四、实验设备

（1）直流电动机电枢电源（NMEL-18/1）。

（2）直流电动机励磁电源（NMEL-18/2）。

（3）可调电阻箱（NMEL-03/4）。

（4）电机导轨及测功机、转速转矩测量（NMEL-13F）。

（5）直流电压、电流表。

（6）直流并励电动机 M03。

五、实验说明及操作步骤

（1）由实验指导人员讲解电机实验的基本要求、实验台各面板的布置及使用方法、注意事项。

（2）在控制屏上按次序悬挂 NMEL-13F、NMEL-03/4 组件，并检查 NMEL-13F 和涡流测功机的连接。

（3）用伏安法测电枢的直流电阻实验。

实验原理如图 4-17 所示。

图中元件含义：R—可调电阻箱（NMEL-03/4）中的单相可调电阻 R_1；V—直流电压表；A—直流安培表。

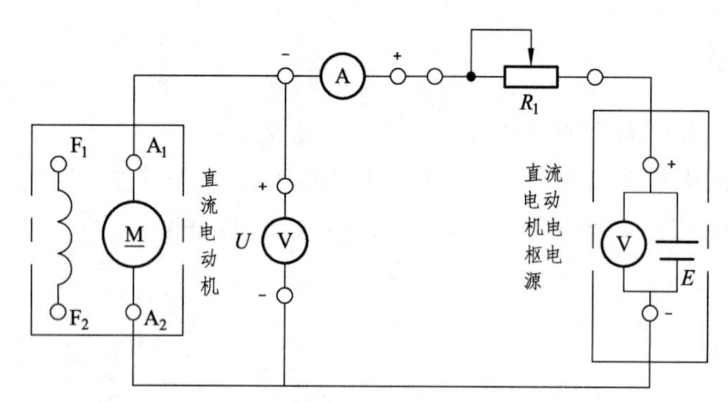

图 4-17　电枢绕组直流电阻测量接线

① 经检查接线无误后，直流电动机电枢电源调至最小，R_1 调至最大，直流电压表量程选为 300 V 挡，直流电流表量程选为 2 A 挡。

② 依次按下主控制屏绿色“闭合”按钮开关，使直流电动机电枢电源的船形开关处于“ON”，建立直流电源，并调节直流电源至 110 V 输出。

调节 R_1 使电枢电流达到 0.2 A（如果电流太大，可能由于剩磁的作用使电机旋转，测量无法进行，如果此时电流太小，可能由于接触电阻产生较大的误差），改变电压表量程为 20 V，迅速测取电机电枢两端电压 U_M 和电流 I_a。将电机转子分别旋转三分之一和三分之二周，同样测取 U_M、I_a，填入表 4-14。

③ 增大 R（逆时针旋转）使电流分别达到 0.15 A 和 0.1 A，用上述方法测取 6 组数据，填入表 4-15。

取三次测量的平均值作为实际冷态电阻值 $R_a=\dfrac{R_{a1}+R_{a2}+R_{a3}}{3}$。

表 4-15　测量表　　　室温______°C

<table>
<tr><th>序号</th><th>U_M/V</th><th>I_a/A</th><th colspan="2">R/Ω</th><th>$R_{a平均}$/Ω</th><th>R_{aref}/Ω</th></tr>
<tr><td rowspan="3">1</td><td></td><td rowspan="3"></td><td>R_{a11}</td><td rowspan="3">R_{a1}</td><td rowspan="3"></td><td rowspan="3"></td></tr>
<tr><td></td><td>R_{a12}</td></tr>
<tr><td></td><td>R_{a13}</td></tr>
<tr><td rowspan="3">2</td><td></td><td rowspan="3"></td><td>R_{a21}</td><td rowspan="3">R_{a2}</td><td rowspan="6"></td><td rowspan="6"></td></tr>
<tr><td></td><td>R_{a22}</td></tr>
<tr><td></td><td>R_{a23}</td></tr>
<tr><td rowspan="3">3</td><td></td><td rowspan="3"></td><td>R_{a31}</td><td rowspan="3">R_{a3}</td></tr>
<tr><td></td><td>R_{a32}</td></tr>
<tr><td></td><td>R_{a33}</td></tr>
</table>

表中，

$$R_{a1}=(R_{a11}+R_{a12}+R_{a13})/3$$

$$R_{a2}=(R_{a21}+R_{a22}+R_{a23})/3$$

$$R_{a3}=(R_{a31}+R_{a32}+R_{a33})/3$$

④ 计算基准工作温度时的电枢电阻。

测得电枢绕组电阻值，此值为实际冷态电阻值，冷态温度为室温。按下式换算到基准工作温度时的电枢绕组电阻值：

$$R_{aref}=R_a\frac{235+\theta_{ref}}{235+\theta_a}$$

式中，R_{aref}——换算到基准工作温度时电枢绕组电阻，Ω；

R_a——电枢绕组的实际冷态电阻，Ω；

θ_{ref}——基准工作温度，对于 E 级绝缘为 75 °C；

θ_a——实际冷态时电枢绕组的温度，°C。

（4）直流电动机的起动实验。

实验开始时，将 NMEL-13F“转速控制”和“转矩控制”选择开关拨向“转矩控制”，“转速/转矩设定”旋钮逆时针旋到底。

① 如图 4-18 所示接线，检查电机导轨和 NMEL-13F 的连接线是否接好，电动机励磁回路接线是否牢靠。

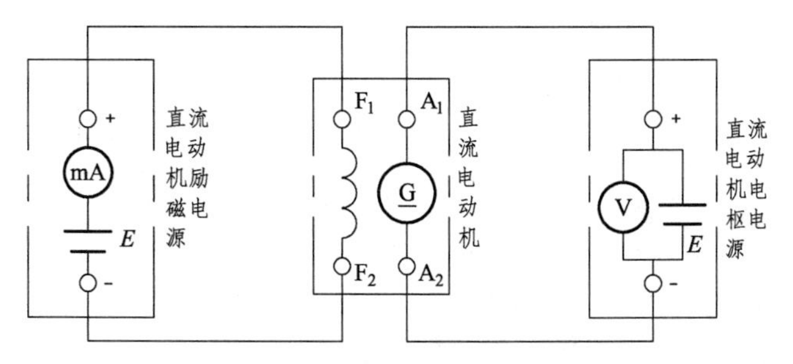

图 4-18 他励式直流电动机接线

② 将直流电动机电枢电源调至最小，直流电动机励磁电源调至最大。

③ 合上控制屏的漏电保护器，按次序按下绿色“闭合”按钮开关，分别使直流电动机励磁电源船形开关和直流电动机电枢电源船形开关处于“ON”位置，此时，电动机电枢电源的绿色工作发光二极管亮，指示直流电压已建立，调节旋钮，使电动机电枢电源输出 220 V 电压。

（5）调节他励电动机的转速实验。

① 分别改变电动机电枢电源和励磁电流，观察转速变化情况。

② 调节“转速/转矩设定”旋钮，改变转矩，注意转矩不要超过 1.1 N · m。

以上两种情况可分别观察转速变化情况。

（6）改变电动机的转向实验。

将直流电动机电枢电源调至最小，“转速/转矩设定”旋钮逆时针调到底，先断开电动机电枢电源，再断开励磁电源，使电动机停机，将电枢或励磁回路的两端接线对调后，再按前述起动电机，观察电动机的转向及转速表的读数。

六、注意事项

（1）直流他励电动机起动时，须将励磁电源调到最大，先接通励磁电源，使励磁电流最大，同时必须将电枢电源调至最小，然后方可接通电源，使电动机正常起动，起动后，将电枢电源调至 220 V，使电机正常工作。

（2）直流他励电机停机时，必须先切断电枢电源，然后断开励磁电源。同时，必须将电枢电源调回最小值，励磁电源调到最大值，给下次起动做好准备。

（3）测量前注意仪表的量程及极性、接法。

七、实验报告

（1）画出直流并励电动机电枢串电阻起动的接线图。电动机起动时，电动机电枢电源和电动机励磁电源应如何调节？

（2）减小电枢电源时，电机的转速如何变化？减小励磁电源，转速又如何变化？

（3）什么方法可以改变直流电动机的转向？

（4）为什么要求直流并励电动机磁场回路的接线要牢靠？

第五章

直流发电机实验

实验　直流发电机

一、实验目的

（1）掌握用实验方法测定直流发电机的运行特性，并根据所测得的运行特性评定该电机的有关性能。

（2）通过实验观察并励发电机的自励过程和自励条件。

二、预习要点

（1）什么是发电机的运行特性？对于不同的特性曲线，实验中哪些物理量应保持不变，而哪些物理量应测取？

（2）做空载实验时，励磁电流为什么必须单方向调节？

（3）并励发电机的自励条件有哪些？当发电机不能自励时应如何处理？

（4）如何确定复励发电机是积复励还是差复励？

三、实验项目

1. 他励发电机

（1）空载特性：保持 $n=n_N$，使 $I=0$，测取 $U_0=f(I_f)$。

（2）外特性：保持 $n=n_N$，使 $I_f=I_{fN}$，测取 $U=f(I)$。

（3）调节特性：保持 $n=n_N$，使 $U=U_N$，测取 $I_f=f(I)$。

2. 并励发电机

（1）观察自励过程。

（2）测外特性：保持 $n=n_N$，使 R_f=常数，测取 $U=f(I)$。

3. 复励发电机

积复励发电机外特性：保持 $n=n_N$，使 R_f=常数，测取 $U=f(I)$。

四、实验设备

（1）直流电动机电枢电源（NMEL-18/1）。

（2）直流电动机励磁电源（NMEL-18/2）。

（3）同步发电机励磁电源/直流发电机励磁电源（NMEL-18/3）。

（4）可调电阻箱（NMEL-03/4）。

（5）电机导轨及测功机、转速转矩测量（NMEL-13F）。

（6）开关板（NMEL-05D）。

（7）直流电压、毫安、安培表。

（8）直流发电机 M01。

（9）直流并励电动机 M03。

五、实验步骤

1. 他励式发电机

操作步骤：如图 5-1 所示接线。各文字符号的含义：S_1—双刀双掷开关（NMEL-05D）；R_1—发电机负载电阻（NMEL-03/4 中 R_1）；V—直流电压表（量程为 300 V 挡）；A—直流安培表（量程为 2 A 挡）。

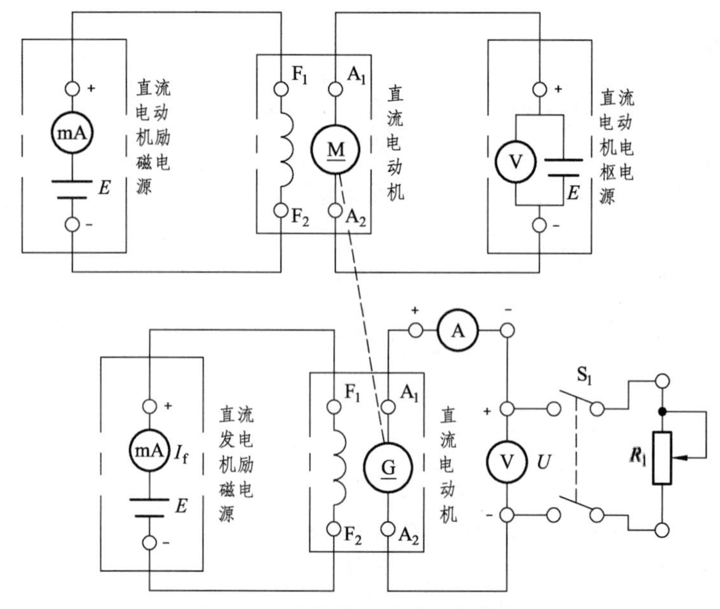

图 5-1　直流他励式发电机接线

（1）空载特性实验。

① 打开发电机负载开关 S_1，将 NMEL-18/3 中扭子开关拨向直流发电机励磁，直流发电机励磁电流调至最小，接通直流发电机励磁电源，注意选择各仪表的量程。

② 调节直流电动机电枢电源至最小，直流电动机励磁电流最大，接通直流电动机励磁电源，接通直流电动机电枢电源，使电机旋转。

③ 从数字转速表上观察电机旋转方向，若电机反转，可先停机，将直流电动机电枢或励磁两端接线对调，重新起动，则电机转向应符合正向旋转的要求。

④ 调节电动机电枢电源至 220 V，再调节电动机励磁电流，使电动机（发电机）转速达到 1 600 r/min（额定值），并在以后整个实验过程中始终保持此额定转速不变。

⑤ 调节发电机励磁电流，使发电机空载电压达 $U_0=1.2U_N$（240 V）为止。

⑥ 在保持电机额定转速（1 600 r/min）条件下，从 $U_0=1.2U_N$ 开始，单方向调节直流发电机励磁电流，使发电机励磁电流逐次减小，直至 $I_f=0$。

每次测取发电机的空载电压 U_0 和励磁电流 I_f，读取 5 ~ 6 组数据，填入表 5-1，其中 $U_0=U_N$ 和 $I_f=0$ 两个点必须测量，并要求在 $U_0=U_N$ 附近的测量点要尽量密集。

表 5-1　测量表　　$n=n_N=1\ 600$ r/min

U_0/V									
I_f/mA									

（2）外特性实验。

① 在空载实验后，把发电机负载电阻 R_1 调到最大值，合上负载开关 S_1。

② 同时调节电动机励磁电流、发电机励磁电流和负载电阻 R，使发电机的 $n=n_N$，$U=U_N$（200 V），$I=I_N$（0.5 A）。该点为发电机的额定运行点，其励磁电流称为额定励磁电流 I_{fN}=（　　）mA。

③ 在保持 $n=n_N$ 和 $I_{f2}=I_{fN}$ 不变的条件下，逐渐增加负载电阻，即减少发电机负载电流。在额定负载到空载运行点范围内，每次测取发电机的电压 U 和电流 I，直到空载（断开开关 S_1），共取 6 ~ 7 组数据，填入表 5-2。其中额定和空载这两个点必须测量。

表 5-2　测量表　　$n=n_N=1\ 600$ r/min，$I_{f2}=I_{fN}$

U/V								
I/A								

（3）调整特性实验。

① 断开发电机负载开关 S_1，调节发电机励磁电流，使发电机空载电压达额定值（U_N=200 V）。

② 在保持发电机 $n=n_N$ 条件下，合上负载开关 S_1，调节负载电阻 R_1，逐次增加发电机的输出电流 I，同时相应调节发电机励磁电流 I_f，使发电机的端电压保持额定值 $U=U_N$。从发电机的空载至额定负载范围内，每次测取发电机的输出电流 I 和励磁电流 I_f，共取 5 ~ 6 组数据填入表 5-3。

表 5-3　测量表　　$n=n_N=1\ 600$ r/min，$U=U_N=200$ V

I/A								
I_f/A								

2. 并励直流发电机

（1）观察直流电动机的自励过程。

操作步骤：

① 按如图 5-2 所示接线。各电气元件的文字符号含义：S_1、S_2—开关（NMEL-05D）；V—直流电压表（量程为 300 V 挡）；A—直流电流表（量程为 2 A 挡）；R_f—NMEL-03/4 模板中 R_2 和 R_3 的电阻单相串联（可取其中 A 相，将 A_2 和 A_3 短接，A_1 和 A_4 引出），然后将 R_3 电阻

的 A 相与 B 相并联一起，并调至最大（在实验过程中，R_2顺时针旋转到底以后，将 A_1和 A_2短接）；R_1—发电机负载电阻（NMEL-03/4 中 R_1）。

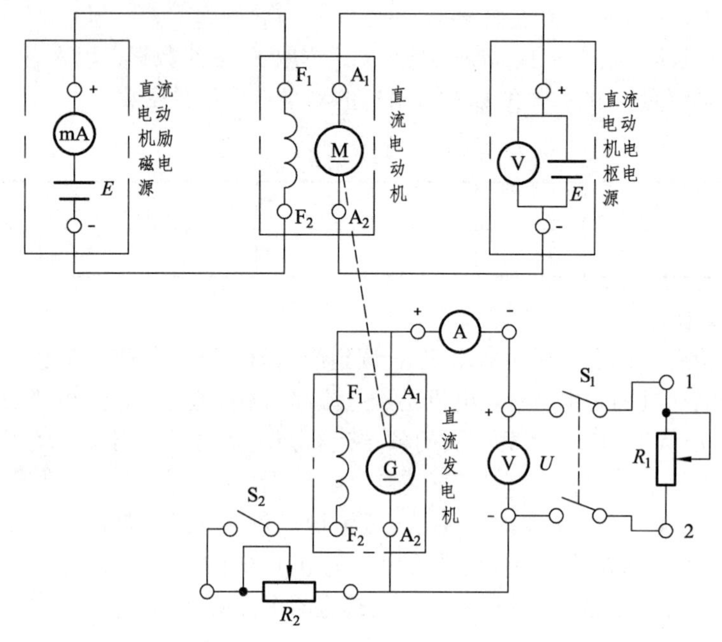

图 5-2　直流并励式发电机接线

② 断开主控制屏电源开关，即按下红色按钮。断开 S_1、S_2，按前述方法起动电动机，调节电动机转速，使发电机的转速 $n=n_N$，用直流电压表测量发电机是否有剩磁电压，若无剩磁电压，可将并励绕组改接他励进行充磁。

③ 合上开关 S_2，逐渐减少 R_f，观察电动机电枢两端电压，若电压逐渐上升，说明满足自励条件，如果不能自励建压，将励磁回路的两个端头对调联结即可。

（2）外特性。

① 在并励发电机电压建立后，调节负载电阻 R_1到最大，合上负载开关 S_1，调节电动机的励磁电流、发电机的磁场调节电阻 R_f和负载电阻 R_1，使发电机 $n=n_N$，$U=U_N$，$I=I_N$。

② 保证此时 R_f和 $n=n_N$不变的条件下，逐步减小负载，直至 $I=0$。从额定到负载运行范围内，每次测取发电机的电压 U 和电流 I，共取 6 ~ 7 组数据，填入表 5-4，其中额定和空载两点必测。

表 5-4　测量表　　　　$n=n_N=1\,600$ r/min　　R_f=常值

U/V								
I/A								

3. 复励式发电机

（1）积复励和差复励的判别。

接线如图 5-3 所示。图中，S_1、S_2、S_3—开关（NMEL-05D）。V、A—直流电压表（量程为 300 V 挡）、直流电流表（量程为 2 A 挡）。R_f—NMEL-03/4 中 R_2和 R_3的电阻单相串联（可取其中 A 相，将 A_2和 A_3短接，A_1和 A_4引出），并调至最大。在实验过程中，当 R_2顺时针旋

转到底以后，将 A_1 和 A_2 短接。R_1—发电机负载电阻（NMEL-03/4 中 R_1）。

① 先合上开关 S_2、S_3，将串励绕组短接，使发电机处于并励状态运行，按上述并励发电机外特性实验方法，调节发电机输出电流 $I=0.5I_N$，$n=n_N$，$U=U_N$。

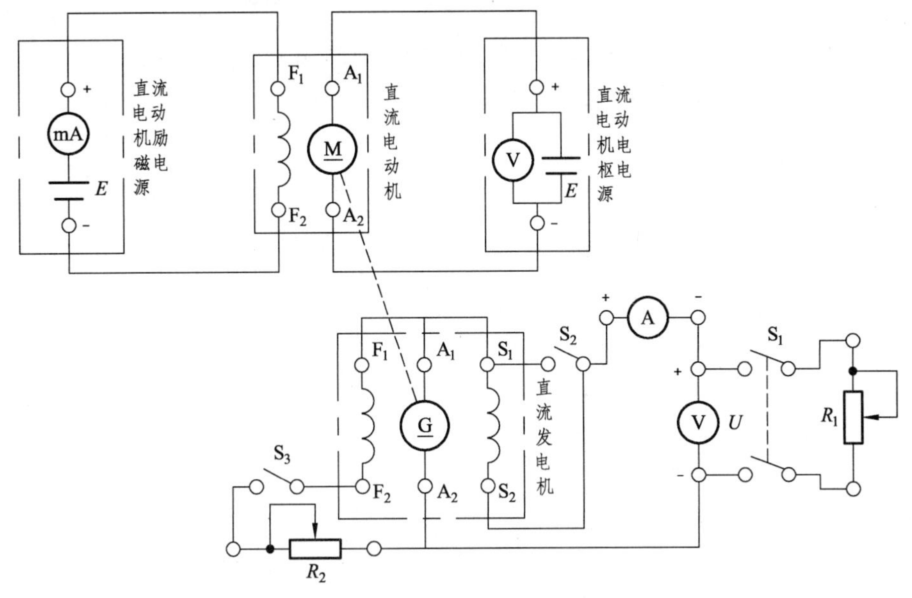

图 5-3　直流复励发电机接线

② 打开短路开关 S_2，在保持发电机 n、R_f 和 R_1 不变的条件下，观察发电机端电压的变化，若此电压升高即为积复励，若电压降低为差复励，如要把差复励改为积复励，对调串励绕组接线即可。

（2）积复励发电机的外特性。

实验方法与测取并励发电机的外特性相同。先合上开关 S_1，将发电机调到额定运行点，$n=n_N$，$U=U_N$，$I=I_N$，在保持此时的 R_f 和 $n=n_N$ 不变的条件下，逐次减小发电机负载电流，直至 $I=0$。从额定负载到空载范围内，每次测取发电机的电压 U 和电流 I，共取 6 ~ 7 组数据，记录于表 5-5 中，其中额定和空载两点必测。

表 5-5　测量表　　$n=n_N=$　　r/min　　R_f=常数

U/V							
I/A							

六、注意事项

起动直流电动机时，先把电枢电源调至最小，励磁电源调至最大，起动完毕后，再调节电枢电源。

七、实验报告

（1）根据空载实验数据，作出空载特性曲线，由空载特性曲线计算出被试电机的饱和系数和剩磁电压的百分数。

（2）在同一个坐标上绘出他励、并励和复励发电机的三条外特性曲线。分别算出三种励磁方式的电压变化率：$\Delta U = \frac{U_0 - U_N}{U_N} \times 100\%$，并分析差异的原因。

（3）绘出他励发电机调整特性曲线，分析在发电机转速不变的条件下，为什么负载增加时，要保持端电压不变，必须增加励磁电流的原因。

第六章 同步电机实验

实验一　三相同步发电机的运行特性

一、实验目的

（1）用实验方法测量同步发电机在对称负载下的运行特性。
（2）由实验数据计算同步发电机在对称运行时的稳态参数。

二、预习要点

（1）同步发电机在对称负载下有哪些基本特性？
（2）这些基本特性各在什么情况下测得？
（3）怎样用实验数据计算对称运行时的稳态参数？

三、实验项目

（1）测定电枢绕组实际冷态直流电阻。
（2）空载实验：在 $n=n_N$、$I=0$ 的条件下，测取空载特性曲线 $U_0=f(I_f)$。
（3）三相短路实验：在 $n=n_N$、$U=0$ 的条件下，测取三相短路特性曲线 $I_K=f(I_f)$。
（4）外特性：在 $n=n_N$、I_f=常数、$\cos\varphi=1$ 的条件下，测取外特性曲线 $U=f(I)$。
（5）调节特性：在 $n=n_N$、$U=U_N$、$\cos\varphi=1$ 的条件下，测取调节特性曲线 $I_f=f(I)$。

四、实验设备及仪器

（1）电机导轨及转速测量（NMEL-13F）。
（2）交流电压表、电流表、功率、功率因数表。
（3）可调电阻箱（NMEL-03/4）。
（4）直流电动机电枢电源（NMEL-18/1）。
（5）直流电动机励磁电源（NMEL-18/2）。
（6）同步发电机励磁电源（NMEL-18/3）。
（7）旋转指示灯及开关板（NMEL-05D）。

（8）三相同步电机 M08。

（9）直流并励电动机 M03。

五、实验方法

1. 测定电枢绕组实际冷态直流电阻

被试电机采用三相凸极式同步电机 M08。

测量与计算方法参见实验三相异步电动机的工作特性。记录室温，测量数据记录于表 6-1 中。

表 6-1　测量表　　室温________°C

测量项目	绕组 I	绕组 II	绕组 III
I/mA			
U/V			
R/Ω			

2. 空载实验

按如图 6-1 所示接线，直流电动机 M 按他励方式联结，拖动三相同步发电机 G 旋转，发电机的定子绕组为 Y 形接法（U_N=220 V）。图中 R 采用 NMEL-03/4 中三相可调电阻 R_2 和 R_3 相串联（在实验过程中，先将 R_2 顺时针调至最小后，再将 R_2 的 A、B、C 三相每相都短接）；S 采用 NMEL-05D 中的三刀双掷开关；交流电压表、交流电流表、功率表安装在主控制屏上，不同型号的实验台，其仪表数量不同，接法可参见异步电机的接线。

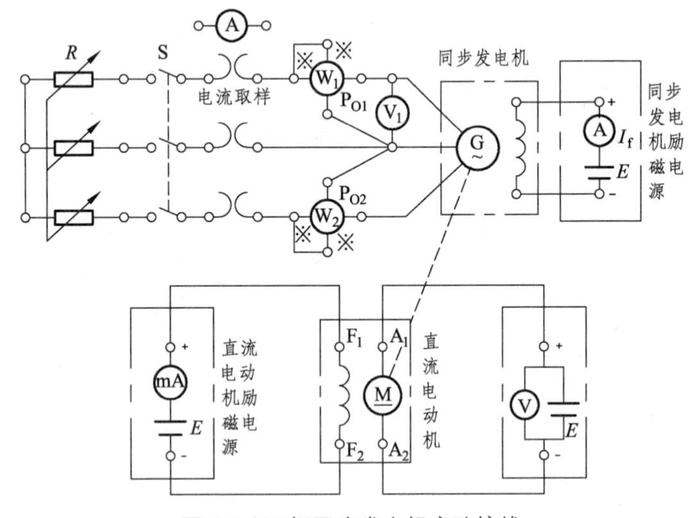

图 6-1　三相同步发电机实验接线

（1）实验步骤。

① 未接上电源前，同步电机励磁电源调节旋钮逆时针到底，直流电动机电枢电源调至最小，直流电动机励磁电源调至最大，开关 S 处于断开位置。

② 按下绿色“闭合”按钮开关，合上直流电机励磁电源和电枢电源船形开关，起动直流

电机 M03。

调节电枢电压和直流电动机励磁电流，使 M03 电机转速达到同步发电机的额定转速 1 500 s/min 并保持恒定。

③ 合上同步电机励磁电源船形开关，调节 M08 电机励磁电流 I_f（注意必须单方向调节），使 I_f 单方向递增至发电机输出电压 $U_0 \approx 1.1U_N$ 为止。在这范围内，读取同步发电机励磁电流 I_f 和相应的空载电压 U_0，测取 7 ~ 8 组数据填入表 6-2。

表 6-2　测量表　　$n=n_N$=1 500 r/min　　I=0

序　号	1	2	3	4	5	6	7	8
U_0/V								
I_f/A								

④ 减小 M08 电机励磁电流，使 I_f 单方向减至零值为止。读取励磁电流 I_f 和相应的空载电压 U_0。填入表 6-3。

表 6-3　测量表　　$n=n_N$=1 500 r/min　　I=0

序　号	1	2	3	4	5	6	7	8
U_0/V								
I_f/A								

（2）实验注意事项。

① 转速保持 $n=n_N$=1 500 r/min 恒定。

② 在额定电压附近读数相应多些。

实验说明：在用实验方法测定同步发电机的空载特性时，由于转子磁路中剩磁情况的不同，当单方向改变励磁电流 I_f 从零到某一最大值，再反过来由此最大值减小到零时，将得到上升和下降的两条不同曲线，如图 6-2 所示。这两条曲线的出现，反映铁磁材料中的磁滞现象。测定参数时使用下降曲线，其最高点取 $U_0 \approx 1.1U_N$，如剩磁电压较高，可延伸曲线的直线部分使其与横轴相交，则交点的横坐标绝对值 Δi_{f0} 应作为校正量，在所有实验测得的励磁电流数据上加上此值，即得通过原点之校正曲线，如图 6-3 所示。

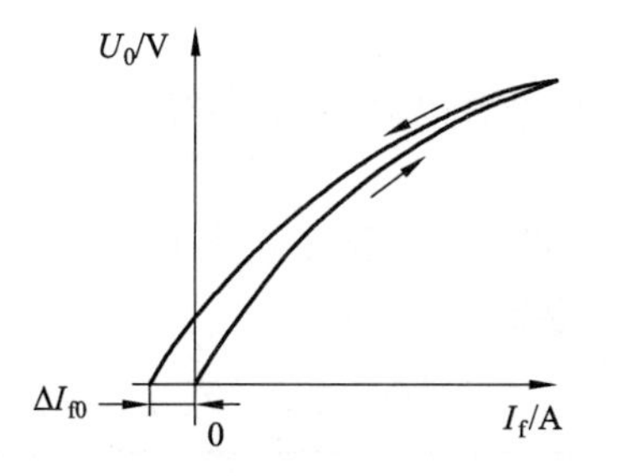

图 6-2　上升和下降两条空载特性曲线

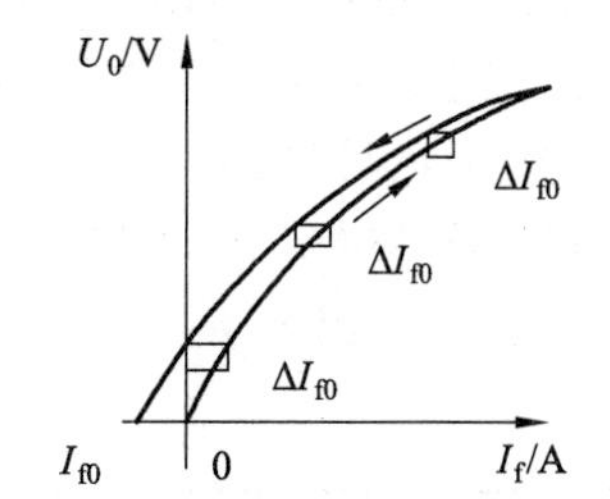

图 6-3　校正过的下降空载特性曲线

3. 三相短路实验

（1）同步电机励磁电流源调节旋钮逆时针到底，按空载实验方法调节电机转速为额定转速 1 500 r/min，且保持恒定。

（2）用短接线把发电机输出三端点短接，合上同步电机励磁电源船形开关，调节 M08 电机的励磁电流 I_f，使其定子电流 $I_K=1.2I_K\approx0.31$ A，读取 M08 电机的励磁电流 I_f 和相应的定子电流值 I_K。

（3）减小发电机的励磁电流 I_f 使定子电流减小，直至励磁电流为零，读取励磁电流 I_f 和相应的定子电流 I_{K2}，共取 7 ~ 8 组数据并记录于表 6-4 中。

表 6-4　测量表　　U=0 V　　$n=n_N$=1 500 r/min

序　号	1	2	3	4	5	6	7	8
I_K/A								
I_f/A								

4. 测同步发电机在纯电阻负载时的外特性

（1）把三相可变电阻器 R_L 调至最大，按空载实验的方法起动直流电动机，并调节其转速达同步发电机额定转速 1 500 r/min，且转速保持恒定。

（2）开关 S 闭合，发电机带三相纯电阻负载运行。

（3）合上同步电机励磁电源船形开关，调节发电机励磁电流 I_f 和负载电阻 R 使同步发电机的端电压达额定值 220 V，且负载电流亦达额定值。

（4）保持这时的同步发电机励磁电流 I_f 恒定不变，调节负载电阻 R，测同步发电机端电压 U 和相应的平衡负载电流 I，直至负载电流减小到零，测出整条外特性。记录 5 ~ 6 组数据于表 6-5 中。

表 6-5　测量表　　$n=n_N$=1 500 r/min　　I_f=　　A　　$\cos\varphi$=1

序　号	1	2	3	4	5	6	7	8
U/V								
I/A								

5. 测同步发电机在纯电阻负载时的调整特性

（1）发电机接入三相负载电阻 R，并调节 R 至最大，按前述方法起动电动机，并调节电机转速至 1 500 r/min，且保持恒定。

（2）合上同步电机励磁电源船形开关，调节同步电机励磁电流 I_f，使发电机端电压达额定值 U_N=220 V，且保持恒定。

（3）调节负载电阻 R_L 以改变负载电流，同时保持电机端电压不变。读取相应的励磁电流 I_f 和负载电流 I，测出整条调整特性。测出 6 ~ 7 组数据记录于表 6-6 中。

表 6-6　测量表　　$U=U_N$=380 V　　$n=n_N$=1 500 r/min

序　号	1	2	3	4	5	6	7	8
I/A								
I_f/A								

六、实验报告

（1）根据实验数据绘出同步发电机的空载特性。
（2）根据实验数据绘出同步发电机短路特性。
（3）根据实验数据绘出同步发电机的外特性。
（4）根据实验数据绘出同步发电机的调整特性。
（5）由空载特性和短路特性求取电机定子漏抗 X_σ 和特性三角形。
（6）利用空载特性和短路特性确定同步电机的直轴同步电抗 X_d（不饱和值）。
（7）求短路比。
（8）由外特性实验数据求取电压调整率 $\Delta U\%$。

实验二　三相同步发电机的并联运行

一、实验目的

（1）掌握三相同步发电机投入电网并联运行的条件与操作方法。

（2）掌握三相同步发电机并联运行时有功功率与无功功率的调节。

二、预习要点

（1）三相同步发电机投入电网并联运行有哪些条件？不满足这些条件将产生什么后果？如何满足这些条件？

（2）三相同步发电机投入电网并联运行时怎样调节有功功率和无功功率？调节过程又是怎样的？

三、实验项目

（1）用准确同步法将三相同步发电机投入电网并联运行。

（2）用自同步法将三相同步发电机投入电网并联运行

（3）三相同步发电机与电网并联运行时有功功率的调节。

（4）三相同步发电机与电网并联运行时无功功率调节。

① 测取当输出功率等于 0 时三相同步发电机的 V 形曲线。

② 测取当输出功率等于 0.5 倍额定功率时三相同步发电机的 V 形曲线。

四、实验设备

（1）电机导轨及转速测量（NMEL-13F）。

（2）交流电压表、电流表、功率、功率因数表。

（3）可调电阻箱（NMEL-03/4）。

（4）直流电动机电枢电源（NMEL-18/1）。

（5）直流电动机励磁电源（NMEL-18/2）。

（6）同步发电机励磁电源（NMEL-18/3）。

（7）旋转指示灯及开关板（NMEL-05D）。

（8）三相同步电机 M08。

（9）直流并励电动机 M03。

五、实验方法及步骤

1. 用准同步法将三相同步发电机投入电网并联运行

实验接线如图 6-4 所示。

三相同步发电机选用 M08。

原动机选用直流并励电动机 M03（作他励接法）。

R 选用 NMEL-03/4 中的 90 Ω 电阻。

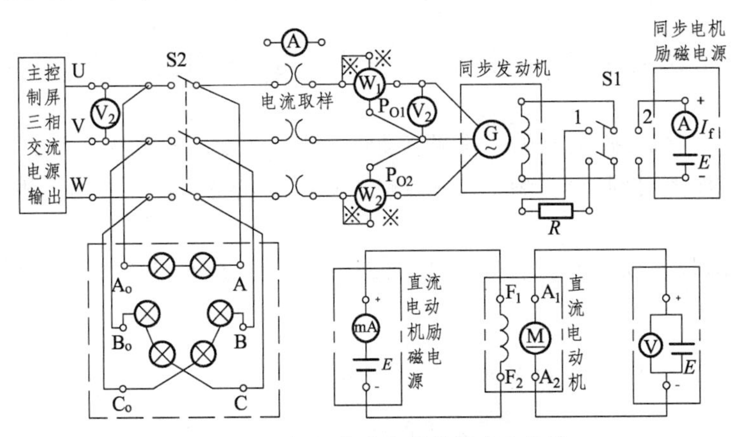

图 6-4　三相同步发电机并网实验接线

开关 S1、S2 选用 NMEL-05D。

同步电机励磁电源 NMEL-18/3 的扭子开关拨向“同步电机”。

工作原理：

三相同步发电机与电网首联运行必须满足如下三个条件。

（1）发电机的频率和电网频率要相同，即 $f_{\text{II}}=f_{\text{I}}$；

（2）发电机和电网电压大小、相位要相同，即 $E_{\text{o II}}=U_{\text{I}}$；

（3）发电机和电网的相序要相同。

为了检查这些条件是否满足，可用电压表检查电压，用灯光旋转法或整步表法检查相序和频率。

实验步骤：

（1）三相调压器旋钮逆时针到底，开关 S2 断开，S1 合向“1”端，确定直流电动机电枢电源和直流电动机励磁电源船形开关均在断开位置，合上绿色“闭合”按钮开关，调节调压器旋钮，观察电压表，使交流输出电压达到同步发电机额定电压 U_N=220 V。

（2）直流电动机电枢电源调至最小，励磁电源调至最大，先合上直流电机励磁电源船形开关，再合上直流电动机电枢电源开关，起动直流电动机 M03，并调节电机转速为 1 500 r/min。

（3）开关 S1 合向“2”端，接通同步电机励磁电源，调节同步电机励磁电流 I_f，使同步发电机发出额定电压 220 V。

（4）观察三组相灯，若依次明灭形成旋转灯光，则表示发电机和电网相序相同，若三组灯同时发亮、同时熄灭则表示发电机和电网相序不同。当发电机和电网相序不同则应先停机，调换发电机或三相电源任意二根端线以改变相序后，按前述方法重新起动电动机。

（5）当发电机和电网相序相同时，调节同步发电机励磁电流 I_f 使同步发电机电压和电网电压相同。再细调直流电动机转速，使各相灯光缓慢地轮流旋转发亮。

（6）待 A 相灯熄灭时合上并网开关 S2，把同步发电机投入电网并联运行。

（7）停机时应先断开并网开关 S2，将 R 调至最大，三相调压器逆时针旋到零位，并先断开电枢电源后断开直流电机励磁电源。

2. 用自同步法将三相同步发电机投入电网并联运行

（1）在并网开关 S2 断开且相序相同的条件下，把开关 S1 合向“2”端接至同步电机励磁电源。

（2）按前述方法起动直流电动机，并使直流电动机升速到接近同步转速（1 475 ~ 1 525 r/min）。

（3）起动同步电机励磁电流源，并调节励磁电流 I_f 使发电机电压约等于电网电压 220 V。

（4）将开关 S1 闭合到“1”端，接入电阻 R（R 为 90 Ω 电阻，约为三相同发电机励磁绕组电阻的 10 倍）。

（5）合上并网开关 S2，再把开关 S2 闭合到“2”端，这时电机利用“自整步作用”使它迅速被牵入同步。

3. 三相同步发电机与电网并联运行时有功功率的调节

（1）按上述 1、2 实验中任意一种方法把同步发电机投入电网并联运行。

（2）并网以后，调节直流电动机的励磁电流和同步电机的励磁电流 I_f，使同步发电机定子电流接近于零，这时相应的同步发电机励磁电流 $I_f=I_{fo}$。

（3）保持励磁电流 I_f 不变，调节直流电动机的励磁电流，使其增加，这时同步发电机输出功率 P_2 增加。

（4）在同步电机定子电流接近于零到额定电流的范围内读取三相电流、三相功率、功率因数，共取 6 ~ 7 组数据记录于表 6-7 中。

表 6-7 测量表 U=220 V（Y） $I_f=I_{fo}$= A

序号	测量值					计算值		
	输出电流 I/A			输出功率 P/W		I/A	P_2/W	$\cos\varphi$
	I_A	I_B	I_C	P_{I}	P_{II}			
1								
2								
3								
4								
5								
6								

表中，

$$I=\frac{I_A+I_B+I_C}{3}$$

$$P_2=P_{\mathrm{I}}+P_{\mathrm{II}}$$

$$\cos\varphi=\frac{P_2}{\sqrt{3}UI}$$

4. 三相同步发电机与电网并联运行时无功功率的调节

（1）测取当输出功率等于零时三相同步发电机的V形曲线。

① 按上述1、2实验中的任意一种方法把同步发电机投入电网并联运行。

② 保持同步发电机的输出功率 $P_2 \approx 0$。

③ 先调节同步发电机励磁电流 I_f，使 I_f 上升，发电机定子电流随着 I_f 的增加上升到额定电流。同时调节直流电动机电枢电源，保持 $P_2 \approx 0$。记录此时同步发电机励磁电流 I_f、定子电流 I_o。

④ 减小同步电机励磁电流 I_f 使定子电流 I 减小到最小值，记录此点数据。

⑤ 继续减小同步电机励磁电流，这时定子电流又将增加直至额定电流。

⑥ 分别在过励和欠励情况下，读取9～10组数据记录于表6-8中。

表6-8　测量表　　　n=1 500 r/min　　U=220 V　　$P_2 \approx 0$ W

序号	三相电流 I/A				励磁电流 I_f/A
	I_A	I_B	I_C	I	
1					
2					
3					
4					
5					
6					
7					
8					
9					
10					

表中，$I = \dfrac{I_A + I_B + I_C}{3}$。

（2）测取当输出功率等于0.5倍额定功率时三相同步发电机的V形曲线。

① 按上述1、2任意一种方法把同步发电机投入电网并联运行。

② 保持同步发电机的输出功率 P_2 等于0.5倍额定功率。

③ 先调节同步发电机励磁电流 I_f，使 I_f 上升，发电机定子电流随着 I_f 的增加上升到额定电流。记录此点同步发电机励磁电流 I_f、定子电流 I_o。

④ 减小同步电机励磁电流 I_f 使定子电流 I 减小到最小值，记录此点数据。

⑤ 继续减小同步电机励磁电流，这时定子电流又将增加直至额定电流。

⑥ 分别在过励和欠励情况下，读取9～10组数据记录于表6-9中。

表 6-9 测量表 n=1 500 r/min U=220 V $P_2 \approx 0.5P_N$

序号	测量值				计算值	
	I_A	I_B	I_C	I_f	I	$\cos\varphi$
1						
2						
3						
4						
5						
6						
7						
8						
9						
10						

表中，

$$I = \frac{I_A + I_B + I_C}{3}$$

$$\cos\varphi = \frac{P_2}{\sqrt{3}UI}$$

六、实验报告

（1）评述准确同步法和自同步法的优缺点。

（2）试述并联运行条件不满足时并网将引起什么后果？

（3）试述三相同步发电机和电网并联运行时有功功率和无功功率的调节方法。

（4）画出 $P_2 \approx 0$ 和 $P_2 = 0.5P_N$ 时同步发电机的 V 形曲线，并加以说明。

实验三　三相同步电动机

一、实验目的

（1）掌握三相同步电动机的异步起动方法。
（2）测取三相同步电动机的 V 形曲线。
（3）测取三相同步电动机的工作特性。

二、预习要点

（1）三相同步电动机异步起动的原理及操作步骤是什么？
（2）三相同步电动机的 V 形曲线是怎样的？怎样作为无功发电机（调相机）？
（3）三相同步电动机的工作特性怎样？怎样测取？

三、实验项目

（1）三相同步电动机的异步起动。
（2）测取三相同步电动机输出功率 $P_2 \approx 0$ 时的 V 形曲线。
（3）测取三相同步电动机输出功率 $P_2=0.5P_N$ 时的 V 形曲线。
（4）测取三相同步电动机的工作特性。

四、实验设备

（1）电机导轨及转速测量（NMEL-13F）。
（2）交流电压表、电流表、功率、功率因数表。
（3）可调电阻箱（NMEL-03/4）。
（4）同步发电机励磁电源（NMEL-18/3）。
（5）旋转指示灯及开关板（NMEL-05D）。
（6）三相同步电机 M08。
（7）直流并励电动机 M03。

五、实验方法

被试电机为凸极式三相同步电动机 M08。

1. 三相同步电动机的异步起动

实验线路如图 6-5 所示。
实验准备：
实验开始前，将 NMEL-13F 中的“转速控制”和“转矩控制”选择开关拨向“转矩控制”，

"转速/转矩设定"旋钮逆时针到底。R 的阻值选择为同步发电机励磁绕组电阻的 10 倍（约 90 Ω），选用 NMEL-03/4 中的 90 Ω 电阻。开关 S 选用 NMEL-05D。交流电压表、电流表、功率表的选择同第六章实验二。同步电机励磁电源 NMEL-18/3 中扭子开关拨向"同步电机"。

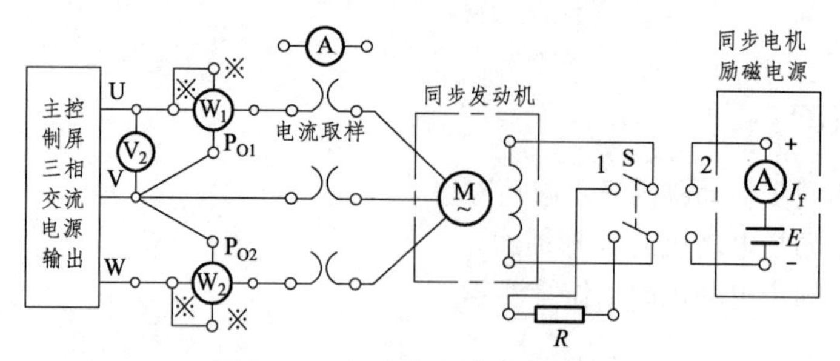

图 6-5　三相同步电动机实验接线

实验步骤：

（1）把功率表电流线圈短接，把交流电流表短接，先将开关 S 闭合于励磁电流源端，起动励磁电流源，调节励磁电流源输出大约 0.7 A，然后将开关 S 闭合于电阻器 R。

（2）把调压器退到零位，合上电源开关，调节调压器使升压至同步电动机额定电压 220 V，观察电机旋转方向，若不符合则应调整相序使电机旋转方向符合要求。

（3）当转速接近同步转速时，把开关 S 迅速从左端切换闭合到右端，让同步电动机励磁绕组加直流励磁而强制拉入同步运行，异步起动同步电动机整个起动过程完毕，接通功率表、功率因数表、交流电流表。

2. 测取三相同步电动机输出功率 $P_2 \approx 0$ 时的 V 形曲线

（1）按 1 方法异步起动同步电动机。使同步电动机输出功率 $P_2 \approx 0$。

（2）调节同步电动机的励磁电流 I_f 并使 I_f 增加，这时同步电动机的定子三相电流亦随之增加，直至电流达同步电动机的额定值，记录定子三相电流和相应的励磁电流、输入功率。

（3）调节同步电动机的励磁电流 I_f 使其逐渐减小，这时定子三相电流亦随之减小，直至电流过最小值，记录这时的相应数据。

（4）继续调小同步电动机的励磁电流，这时同步电动机的定子三相电流反而增大直到电流达额定值。在过励和欠励范围内读取 9 ~ 11 组数据，记录于表 6-10 中。

表 6-10　测量表　　n=1 500 r/min；U=220 V；$P_2 \approx 0$

序号	三相电流/A				励磁电流/A	输入功率/W		
	I_A	I_B	I_C	I	I_f	P_{I}	P_{II}	P
1								
2								
3								
4								
5								
6								
7								
8								
9								

表中，

$$I=(I_A+I_B+I_C)/3$$

$$P=P_{\text{I}}+P_{\text{II}}$$

3. 测取三相同步电动机输出功率 P_2 为 0.5 倍额定功率时的 V 形曲线

（1）按 1 方法异步起动同步电动机，调节测功机“转速/转矩设定”旋钮使之加载，使同步电动机输出功率改变，输出功率按下式计算：

$$P_2=0.105nT_2$$

式中，n—电机转速，r/min；

T_2—由转矩表读出，N・m。

（2）使同步电动机输出功率接近于 0.5 倍额定功率且保持不变，调节同步电动机的励磁电流 I_f 使其增加，这时同步电动机的定子三相电流亦随之增加直到电流达同步电动机的额定电流，记录定子三相电流和相应的励磁电流、输入功率。

（3）调节同步电动机的励磁电流 I_f，使 I_f 逐渐减小，这时定子三相电流亦随之减小直至电流达最小值，记录这时的相应数据，继续调小同步电动机的励磁电流，这时同步电动机的定子三相电流反而增大直到电流达额定值。在过励和欠励范围内读取 9 ~ 11 组数据并记录于表 6-11 中。

表 6-11 测量表　　n=1 500 r/min；U=220 V；$P_2=0.5P_N$

序号	三相电流/A				励磁电流/A	输入功率/W		
	I_A	I_B	I_C	I	I_f	P_{I}	P_{II}	P
1								
2								
3								
4								
5								
6								
7								
8								
9								

表中，

$$I=(I_A+I_B+I_C)/3 \qquad P=P_{\text{I}}+P_{\text{II}}$$

4. 测取三相同步电动机的工作特性

（1）按 1 方法异步起动同步电动机，按 3 方法改变负载电阻，使同步电动机输出功率改变，输出功率按下式计算：

$$P_2=0.105nT_2$$

式中，n—电机转速，r/min；

T_2—由直流发电机的电枢电流转矩表读出，N・m。

（2）同时调节同步电动机的励磁电流，使同步电动机输出功率达额定值时，功率因数为 1。

（3）保持此时同步电动机的励磁电流恒定不变，逐渐减小负载，使同步电动机输出功率逐渐减小直至为零，读取定子电流、输入功率、功率因数、输出转矩、转速，共取 6～7 组数据并记录于表 6-12 中。

表 6-12　测量表　　$U=U_N=220$ V；$I_f=$　　A；$n=1\ 500$ r/min

序号	同步电动机输入								同步机输出		
	I_A/A	I_B/A	I_C/A	I/A	P_{I}/W	P_{II}/W	P/W	$\cos\varphi$	T_2/（N·m）	P_2/W	η/%
1											
2											
3											
4											
5											
6											

表中，

$$I=（I_A+I_B+I_C）/3$$

$$P=P_{\mathrm{I}}+P_{\mathrm{II}}$$

$$P_2=0.105nT_2$$

$$\eta=\frac{P_2}{P_1}\times 100\%$$

六、实验报告

（1）作 $P_2\approx 0$ 时同步电动机的 V 形曲线 $I=f(I_f)$，并说明定子电流的性质。

（2）作 P_2 为 0.5 倍额定功率时同步电动机的 V 形曲线 $I=f(I_f)$，并说明定子电流的性质。

（3）作同步电动机的工作特性曲线：I、P、$\cos\varphi$、T_2、$\eta=f(P_2)$。

第七章 电机拖动系统特性实验

实验一　三相绕线式异步电动机的拖动特性

一、实验目的

了解三相绕线式异步电动机在各种运行状态下的机械特性。

二、预习要点

（1）如何利用现有设备测定三相绕线式异步电动机的机械特性？
（2）测定各种运行状态下的机械特性应注意哪些问题？
（3）如何根据所测得的数据计算被测试电机在各种运行状态下的机械特性？

三、实验项目

（1）测定三相绕线式异步电动机在电动运行状态和再生发电制动状态下的机械特性。
（2）测定三相绕线式异步电动机在反接制动运行状态下的机械特性。

四、实验设备

（1）电机导轨及测功机、转矩转速测量组件（NMEL-13F）。
（2）直流电压、电流表。
（3）可调电阻箱（NMEL-03/4）。
（4）直流电动机电枢电源（NMEL-18/1）。
（5）直流电动机励磁电源（NMEL-18/2）。
（6）开关板（NMEL-05D）。
（7）三相绕线式异步电动机 M09。
（8）直流并励电动机 M03。

五、实验方法及步骤

实验线路如图 7-1 所示。M 为三相绕线式异步电动机 M09，额定电压 U_N=220 V，绕组采用 Y 接法。G 为直流并励电动机 M03（作他励接法），其 U_N=220 V，P_N=185 W。R_S 选用

NMEL-03/4 中绕线电机起动电阻。R_1 选用 NMEL-03/4 中三相可调电阻中两组电阻串并联。S 选用 NMEL-05D 中的双刀双掷开关。

1. 测定三相绕线式异步电机电动及再发电制动机械特性

仪表量程及开关、电阻的选择：

（1）V_2 的量程为 300 V 挡，A_2 的量程为 2 A 挡。

（2）R_S 阻值调至零，R_1 阻值调至最大。

（3）开关 S 合向“1”端。

（4）三相调压旋钮逆时针到底，直流电机励磁电源船形开关和 220 V 直流稳压电源船形开关在断开位置。直流稳压电源调节旋钮逆时针到底，使电压输出最小。

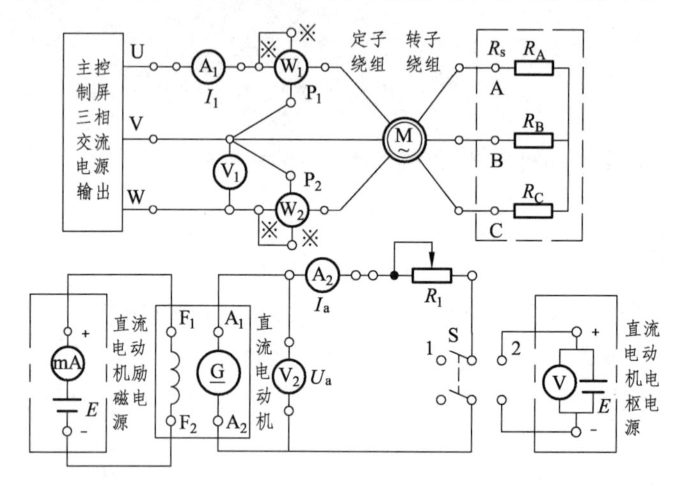

图 7-1　绕线式异步电动机机械特性实验接线

实验步骤：

（1）按下绿色“闭合”按钮开关，接通三相交流电源，调节三相交流电压输出为 180 V（注意观察电机转向是否符合要求），并在以后的实验中保持不变。

（2）接通直流电机励磁电源，调节直流励磁电源使 I_f=95 mA 并保持不变。接通直流电动机电枢电源，在开关 S_1 的“1”端测量电机 G 的输出电压极性，先使其极性与 S 开关“2”端的电枢电源相反。在 R_1 为最大值的条件下，将 S_1 合向“2”端。

（3）调节直流电动机电枢电源和 R_1 的阻值，使电动机从空载到接近于 1.2 倍额定状态，其间测取电机 G 的 U_a、I_a、n 及电动机 M 的交流电流表 A、功率表 P_{I} 和 P_{II} 的读数。共取 8 ~ 9 组数据记录于表 7-1 中。

表 7-1　测量表　　U=200 V　R_S=0　I_f=95 mA

U_a/V								
I_a/A								
n/（r/min）								
I_1/A								
P_{I}/W								
P_{II}/W								

（4）当电动机 M 接近空载而转速不能调高时，将 S 合向“1”位置，调换发电机 G 的电枢极性使其与“直流稳压电源”同极性。调节直流电源使其 G 的电压值接近相等，将 S 合至“2”端，减小 R_1 阻值直至为零。

（5）升高直流电源电压，使电动机 M 的转速上升，当电机转速为同步转速时，异步电机功率接近于 0，继续调高电枢电压，则异步电机从第一象限进入第二象限再生发电制动状态，直至异步电机 M 的电流接近额定值。测取电动机 M 的定子电流 I_1、功率 P_{I} 和 P_{II}、转速 n 和发电机 G 的电枢电流 I_a、电压 U_a，填入表 7-2 中。

表 7-2　测量表　　　　U=200 V　　I_f=95 mA

U_a/V								
I_a/A								
n/（r/min）								
I_1/A								
P_{I}/W								
P_{II}/W								

2. 电动及反接制动运行状态下的机械特性

在断电的条件下，把 R_S 的三只可调电阻调至 15 Ω；调节 R_1 阻值至最大；将直流发电机 G 接到 S 上的两个接线端对调，使直流发电机输出电压极性和“直流稳压电源”极性相反；开关 S 合向左边；逆时针调节可调直流稳压电源调节旋钮到底。

（1）按下绿色“闭合”按钮开关，调节交流电源输出为 150 V，合上励磁电源船形开关，调节直流电动机励磁电源，使 I_f=95 mA。

（2）按下直流电动机电枢电源船形开关，起动直流电源，开关 S 合向左边，让异步电机 M 带上负载运行，减小 R_1 阻值，使异步发电机转速下降，直至为零。

（3）继续减小 R_1 阻值或调节电枢电压值，异步电机即进入反向运转状态，直至其电流接近额定值，测取发电机 G 的电枢电流 I_a、电压 U_a 值和异步电动机 M 的定子电流 I_1、P_{I}、P_{II}、转速 n，共取 8 ~ 9 组数据填入表 7-3 中。

表 7-3　测量表　　　　U=200 V　　I_f=95 mA

U_a/V								
I_a/A								
n/（r/min）								
I_1/A								
P_{I}/W								
P_{II}/W								

六、实验报告

根据实验数据绘出三相绕线转子异步电机运行在三种状态下的机械特性。

实验二　异步电动机的 M-S 曲线测绘

一、实验目的

用电机教学实验台的测功机转速闭环功能测绘各种异步电机的转矩-转差曲线，并加以比较。

二、预习要点

（1）复习电机 M-S 特性曲线。
（2）M-S 特性的测试方法。

三、实验项目

（1）鼠笼式异步电机的 M-S 曲线测绘测。
（2）绕线式异步电动机的 M-S 曲线测绘。

四、实验原理

异步电机的机械特性如图 7-2 所示。

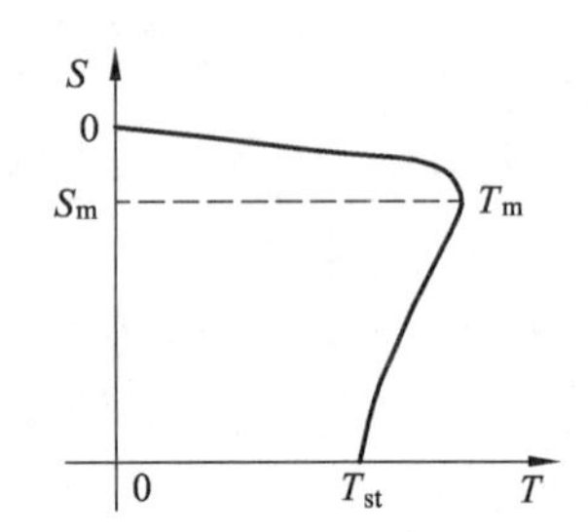

图 7-2　异步电动机的机械特性曲线

在某一转差率 S_m 时，转矩有一最大值 T_m，称为异步电机的最大转矩，S_m 称为临界转差率。T_m 是异步电动机可能产生的最大转矩。如果负载转矩 $T_z>T_m$，电动机将过载而停转。起动转矩 T_{st} 是异步电动机接至电源开始起动时的电磁转矩，此时 $S=1$（$n=0$）。对于绕线式转子异步电动机，转子绕组串联附加电阻，便能改变 T_{st}，从而可改变起动特性。

异步电动机的机械特性可视为两部分组成，即当负载功率转矩 $T_z \leqslant T_N$ 时，机械特性近似为直线，称为机械特性的直线部分，又可称为工作部分，因电动机不论带何种负载均能稳定运行；当 $S \geqslant S_m$ 时，机械特性为一条曲线，称为机械特性的曲线部分，对恒转矩负载或恒功率负载而言，因为电动机这一特性段与这类负载转矩特性的配合，使电机不能稳定运行，而对于通风机负载，则在这一特性段上能稳定工作。

在本实验系统中，对电机的转速进行检测，动态调节施加于电机的转矩，产生了随着电机转速的下降，转矩也随之下降的负载，使电机稳定地运行于机械特性的曲线部分。读取不同转速下的转矩，可描绘出不同电机的 M-S 曲线。

五、实验设备

（1）电机导轨及测功机、转矩转速测量（NMEL-13F）。
（2）可调电阻箱（NMEL-03/4）。
（3）三相鼠笼式异步电动机 M04。
（4）三相绕线式异步电动机 M09。

六、实验方法

1. 鼠笼式异步电机的 M-S 曲线测绘

实验接线图图 7-3 所示。被测试电机为三相鼠笼式异步电动机 M04，定子绕组采用 Y 接法。G 为涡流测功机，与 M04 电机同轴安装。

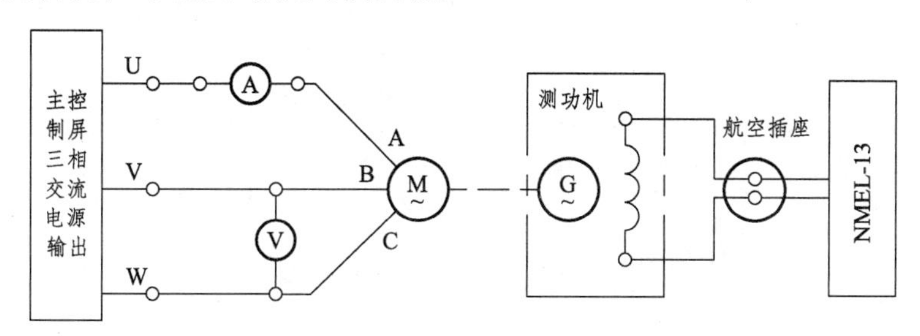

图 7-3　三相笼型异步电动机 M-S 实验接线

起动电机前，将三相调压器旋钮逆时针调到底，并将 NMEL-13F 中“转矩控制”和“转速控制”选择开关拨向“转速控制”，并将“转速/转矩设定”调节旋钮逆时针调到底。

实验步骤：

（1）按下绿色“闭合”按钮开关，调节交流电源输出调节旋钮，使电压输出为 220 V，起动交流电机。观察电机的旋转方向是否符合要求。

（2）顺时针缓慢调节“转速/转矩设定”旋钮，经过一段时间的延时后，M04 电机的负载将随之增加，其转速下降，继续调节该旋钮，电机由空载逐渐下降到 200 r/min 左右（注意：转速低于 200 r/min 时，有可能造成电机转速不稳定。）

（3）在空载转速至 200 r/min 范围内，测取 8 ~ 9 组数据（在最大转矩附近多测几点）填入表 7-4。

表 7-4　测量表　　U_N=220 V　Y 接法

序　号	1	2	3	4	5	6	7	8	9
转速/（r/min）									
转矩/（N · M）									

（4）当电机转速下降到 200 r/min 时，逆时针回调“转速/转矩设定”旋钮，转速开始上升，直到空载转速为止，在这范围内，读出 8 ~ 9 组异步电机的转矩、转速，填入表 7-5。

表 7-5　测量表　　　　U_N=220 V　Y 接法

序　　号	1	2	3	4	5	6	7	8	9
转速/（r/min）									
转矩/（N·M）									

2. 绕线式异步电动机的 M-S 曲线测绘

被测试电机采用三相绕线式异步电动机 M09，定子绕组采用 Y 接法。实验接线如图 7-4 所示。

电压表和电流表的选择同前面实验，该电动机的转子调节电阻采用 NMEL-03/4 中绕线电机起动电阻。NMEL-13F 的开关和旋钮的设置同前面实验。实验前将调压器退至零位。

（1）绕线电机的转子调节电阻调到零（三只旋钮顺时针到底），顺时针调节调压器旋钮，使电压升至 180 V，电机开始起动至空载转速。顺时针调节“转速/转矩设定”旋钮，M09 的负载随之增加，电机转速开始下降，继续逆时针调节该旋钮，电机转速下降至 100 r/min 左右。在空载转速至 100 r/min 范围时，读取 8～9 组绕线电机转矩 T、转速 n 记录于表 7-6 中。

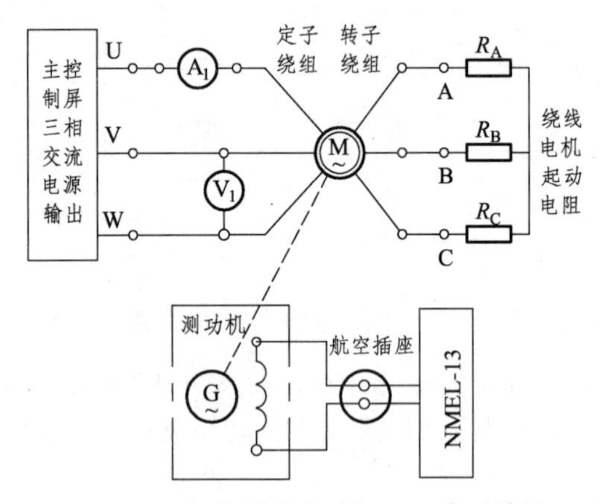

图 7-4　三相绕线式电动机 M-S 实验接线

表 7-6　测量表　　　　U=180 V　Y 接法　R_S=0 Ω

序　　号	1	2	3	4	5	6	7	8	9
转速/（r/min）									
转矩/（N·M）									

（2）绕线电机的转子调节电阻调到 2 Ω，重复以上步骤，记录相关数据，填入表 7-7。

表 7-7　测量表　　　　U=180 V　Y 接法　R_S=2 Ω

序　　号	1	2	3	4	5	6	7	8	9
转速/（r/min）									
转矩/（N·M）									

（3）绕线电机的转子调节电阻调到 5 Ω（断开电源，用万用表测量，三相必须对称），重复以上步骤，记录相关数据，填入表 7-8。

表 7-8　测量表　　　　U=180 V　Y 接法　R_S=5 Ω

序　　号	1	2	3	4	5	6	7	8	9
转速/（r/min）									
转矩/（N·M）									

3. 其他测绘

换上不同的单相异步电动机，按以上相同方法测出它们的转矩、转速。

七、实验报告

（1）在方格纸上，逐点绘出各种不同结构异步电动机的转矩、转速，并进行拟合，作出被测试电动机的 M-S 曲线。

（2）对这些电机的特性逐一作比较和评价。

第八章 控制电机实验

实验一　步进电动机实验

一、实验目的

（1）加深了解步进电动机的驱动电源和电机的工作情况。
（2）步进电动机基本特性的测定。

二、预习要点

（1）了解步进电动机的驱动电源和工作情况。
（2）步进电动机有什么基本特性？怎样测定？

三、实验项目

（1）单步运行状态。
（2）角位移和脉冲数的关系。
（3）空载实跳频率的测定。
（4）空载最高连续工作频率的测定。
（5）转子振荡状态的观察。
（6）定子绕组中电流和频率的关系。
（7）平均转速和脉冲频率的关系。
（8）矩频特性的测定及最大静力矩特性的测定。

四、实验设备及仪器

（1）电机导轨及测功机、转矩转速测量组件（NMEL-13）。
（2）直流电压、电流表。
（3）步机电机驱动系统（NMEL-10A）。
（4）步进电机 M10。

五、实验方法及步骤

合上控制电源船形开关，根据液晶屏指示选择相应的语言进入控制界面，5 s 未选择，自动进入汉语界面。如需进入英语及法语，需重新起动电源。

1. 驱动波形观察

（1）分别按下“模式”控制开关，通过按键切换到“连续”“正转/反转”和三拍/六拍，按下相应的选择按钮，切换控制方式。按下“起动/停止”开关，使电机处于三拍正转连续运行状态。

（2）用示波器观察电脉冲信号输出波形（CP 波形），按下“频率”按键，通过“调节旋钮”改变频率。频率变化范围应不小于 5 Hz ~ 1 kHz，可从频率计上读出此频率。

（3）用示波器观察环形分配器输出的三相 A、B、C 波形之间的相序及其与 CP 脉冲波形之间的关系。

（4）改变电机运行方式，使电机处于正转、六拍运行状态，重复实验。（注意，每次改变电机运行，均需先弹出“起动/停止”开关，再按下“复位”按钮，然后重新起动。）

（5）再次改变电机运行方式，使电机处于反转状态，重复实验。

2. 步进电机特性的测定和动态观察

按如图 8-1 所示进行接线，注意接线不可接错，测功机和步进电机脱开，且接线时需断开控制电源。

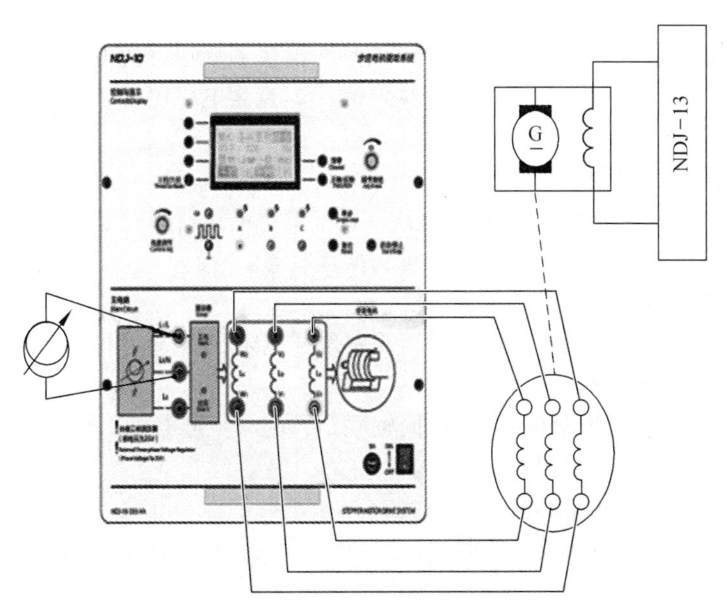

图 8-1　步进电机实验接线

（1）单步运行状态。

接通电源，按下述步骤操作：按下“单步”开关、“复位”按钮、“清零”按钮，最后按下“单步”按钮。

每按一次“单步”按钮，步进电机将走一步距角，绕组相应的发光管发亮，不断按下“单步”按钮，电机转子也不断做步进运行，改变电机转向，电机做反向步进运动。

（2）角位移和脉冲数的关系。

按下“置数”开关，步数通过“调节旋钮”设定。分别按下“复位”“清零”按钮（操作以上步骤须让电机处于停止状态），记录电机所处位置。

按下“起动/停止”开关，电机运转，观察并记录电机偏转角度。

再重新预置步数，重复观察并记录电机偏转角度，填入表8-1，并利用公式计算电机偏转角度与实际值是否一致。

表8-1　测量表

序　号	预置步数	实际转子偏转角度	理论电机偏转角度
1			
2			

进行上述实验时，若电机处于失步状态，则数据无法读出，须调节“调频”电位器，寻找合适的电机运转速度，使电机处于正常工作状态。

（3）空载突跳频率的测定。

电机处于连续运行状态，按下“起动/停止”开关，调节“调频”电位器旋钮使频率逐渐提高。

弹出“起动/停止”开关，电机停转，再重新起动电机，观察电机能否运行正常，如果正常，则继续提高频率，直至电机不失步起动的最高频率，则该频率为步进电机的空载突跳频率。

（4）空载最高连续工作频率的测定。

步进电机空载连续运转后，缓慢调节“调频”电位器旋钮，使电机转速升高，仔细观察电机是否不失步，如不失步，则继续缓慢提高频率，直至电机停转，则该频率为步进电机最高连续工作频率。

（5）转子振荡状态的观察。

步进电机脉冲频率从最低开始逐步上升，观察电机的运行情况、判断有无出现电机声音异常或电机转子来回偏转，即出现步进电机的振荡状态。

（6）定子绕组中电流和频率的关系。

电机在空载状态下连续运行，用示波器观察取样电阻 R 波形，即为控制绕组电流波形。改变频率，观察波形的变化。

在停机条件下，将测功机和步进电机同轴联结，起动步进电机，并调节 MEL-13 的“转矩设定”电位器，观察定子绕组电流波形。

（7）平均转速和脉冲频率的关系。

电机处于连续运行状态，改变“调频”旋钮，测量频率 f（由频率计读出）与对应的转速 n，则 $n=f(f)$，填入表8-2。

表8-2　测量表

序　号	f/Hz	n/（r/min）
1		
2		
3		
4		
5		

（8）矩频特性的测定。

电机处于连续空载运行状态，顺时针缓慢调节“转矩设定”旋钮，对电机逐渐增大负载，直至电机失步，读出此时的转矩值。

改变频率，重复上述过程得到一组与频率 f 对应的转矩 T 值，即为步进电机的矩频特性 $T=f(f)$，记录于表 8-3 中。

表 8-3　测量表

序　号	f/Hz	T/（N·m）
1		
2		
3		
4		
5		

（9）静力矩特性 $T=f(I)$。

断开电源，将直流安培表（5 A 量程挡）串入控制绕组回路中，将“单步”控制琴键开关和“三拍/六拍”开关按下，用起子将测功机堵住。

合上船形开关，按下“复位”按钮，使 C 相绕组通电，缓慢转动步进电机手柄，观察 MEL-13 转矩显示的变化，直至测功机发出“咔嚓”一声，转矩显示开始变小，记录变小前的力矩，即为对应电流 I 的最大静力矩 T_{max} 的值。

改变“电流调节”旋钮，重复上述过程，可得一组电流 I 值及对应 I 值的最大静力矩 T_{max} 值，即为 $T_{max}=f(I)$ 静力矩特性。可取 4 ~ 5 组数据记录于表 8-4 中。

表 8-4　测量表

序　号	I/A	T_{max}/（N·m）
1		
2		
3		
4		
5		

实验时，为提高精确度，同一电流下，可重复三次取其转矩的平均值，每次转动步进电机手柄前，应将测功机堵转起子取出，待测功机回零后，再重新将起子插入测功机堵转孔中。

六、实验报告

对上述实验内容进行总结，并对下列问题进行分析：

（1）步进电机处于三拍、六拍不同状态时，驱动波形的关系是怎样的？

（2）单步运行状态：步距角=（　　　　）°。

（3）角位移和脉冲数关系：（　　　　　）。

（4）空载突跳频率：（ ）。

（5）空载最高连续工作频率：（ ）。

（6）平均转速和脉冲频率的特性 $n=f(f)$。

（7）矩频特性 $T=f(f)$。

（8）最大静力矩特性 $T_{max}=f(I)$。

七、思考题

（1）影响步进电机步距的因素有哪些？采用何种方法步距最小？

（2）平均转速和脉冲频率的关系怎样？为什么特别强调是平均转速？

（3）最大静力矩特性是怎样的特性？

（4）如何对步进电机的矩频特性进行改善？

八、注意事项

步进电机驱动系统中控制信号部分电源和功率放大部分电源是不同的，绝不能将电机绕组接至控制信号部分的端子上，或将控制信号部分端子和电机绕组部分端子以任何形式连接。

实验二　交流伺服电机实验

一、实验目的

（1）掌握用实验方法配圆磁场。
（2）掌握交流伺服电动机机械特性及调节特性的测量方法。

二、预习要点

（1）为什么三相调压器输出的线电压 U_{UW} 与相电压 U_{VN} 在相位上相差 90°?
（2）三相交流伺服电动机在什么条件下可达到圆形旋转磁场?
（3）对交流伺服电动机有什么技术要求?在制造与结构上采取什么相应措施?
（4）交流伺服电动机有几种控制方式?
（5）何为交流伺服电动机调节特性?

三、实验项目

（1）观察伺服电动机有无“自转”现象。
（2）测定交流伺服电动机采用幅值控制时的调节特性。
（3）用实验方法配堵转圆形磁场。
（4）测定交流伺服电动机采用幅值-相位控制时的调节特性。

四、实验设备及仪器

（1）电机系统教学实验台主控制屏。
（2）电机导轨及转速转矩测量（NMEL-13）。
（3）交流伺服电机 M13。
（4）三相可调电阻。
（5）旋转指示灯及开关板。
（6）交流伺服电机电源（NMEL-21）。
（7）万用表（自备）。
（8）示波器（自备）。

五、实验方法

实验线路如图 8-2 所示。交流伺服电机采用 M13，额定功率 P_N=25 W，额定控制电压 U_N=220 V，额定激磁电压 U_N=220 V，堵转转矩 M=3 000 g · cm，空载转速=2 700 r/min。

隔离变压器输出的固定电压（V 相调压器的输入电压）U_{VN} 接至交流伺服电机的励磁绕组。

三相调压器输出的线电压 U_{UW} 经过开关 S（NMEL-05B）接交流伺服电机的控制绕组。

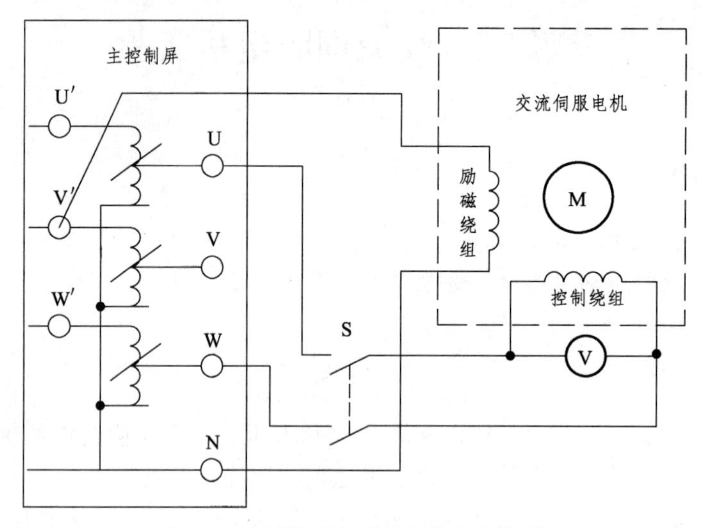

图 8-2　交流伺服电动机幅值控制接线

1. 观察交流伺服电动机有无“自转”现象

测功机和交流伺服电机暂不联结（联轴器脱开），调压器旋钮逆时针调到底，使输出位于最小位置。合上开关 S。

接通交流电源，调节三相调压使输出电压增加，此时电机应起动运转，继续升高电压直到控制绕组 U_c=127 V。

待电机空载运行稳定后，打开开关 S，观察电机有无“自转”现象。

将控制电压相位改变 180°角度，观察电动机转向有无改变。

2. 测定交流伺服电动机采用幅值控制时的调节特性

（1）测定调节特性。

保持电机的励磁电压 U_f=220 V。

调节调压器，使电机控制绕组的电压 U_c 从 220 V 逐渐减小至 0 V，记录电机空载运行的转速 n 及相应的控制绕组电压 U_c，并填入表 8-5。

表 8-5　测量表　　$U_f=U_{fN}$=220 V

n/（r/min）							
U_c/V							

（2）用实验方法测试堵转圆磁场。

实验线路接线如图 8-3 所示，A_1、A_2 选用交流电流表 0.75 A 挡。V_1、V_2、V_3 选用交流电压表 300 V 挡。R_1、R_2 选用 NMEL-04 中 90 Ω 并联 90 Ω 共 45 Ω 阻值，并用万用表调定在 5 Ω 阻值。可变电容选用电机电容箱，位于下组件 NMEL-21/22。调压器 T_2 选用下组件 NMEL-21/22。

要求示波器两探头的地线应接 N 线，X 踪和 Y 踪幅值量程一致。

实验步骤：

① 使电机堵转。

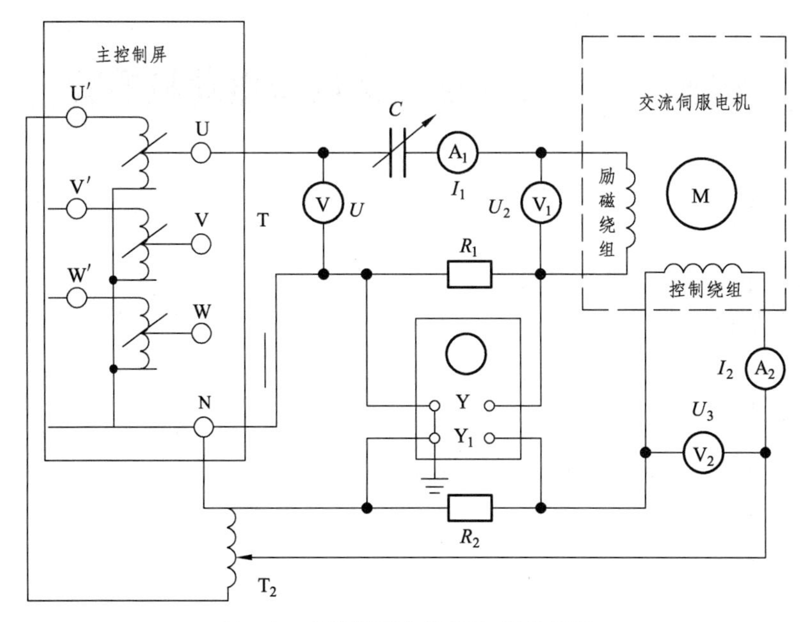

图 8-3　交流伺服电机幅值-相位控制

② 接通交流电源，调节 T_1、T_2 使 V_1、V_2 电压指示为 220 V。

③ 改变电容 C_f（约为 $4U_f$），使 A_1、A_2 电流接近相等，示波器显示的两个电流波形相位相差 90°（或将 Y_2 改接 X 端子，示波器显示为圆图）。

④ 测定交流伺服电动机采用幅值-相位控制时的调节特性。

（3）测定调节特性。

① 调节调压器 T_1，使 U_1=127 V。

② 调节调压器 T_2，使 U_2=220 V。

保持 U_1=127 V，逐渐减小 U_c 值，记录电机转速 n 及控制绕组电压 U_c 并填入表 8-6。

表 8-6　测量表　　U_1=127 V

n/（r/min）							
U_c（V）							

六、实验报告

（1）根据幅值控制实验测得的数据作出交流伺用电动机的调节特性 $n=f(U_c)$ 曲线。

（2）根据幅值-相位控制实验测得的数据作出交流伺服电动机调节特性 $n=f(U_c)$ 曲线。

（3）分析实验过程中发生的现象。

实验三　三相永磁高速同步电动机实验

一、实验目的

（1）测取三相同步电动机的工作特性。
（2）用变频器做变频实验。

二、预习要点

（1）三相同步电动机的工作特性是怎样的？应怎样测取？
（2）变频器怎样工作？

三、实验项目

（1）测取三相同步电动机的工作特性。
（2）用变频器做变频实验。

四、实验设备

（1）MEL 系列电机教学实验台主控屏。
（2）电机导轨及测功机（MEL-13）。
（3）功率、功率因数表（位于主控制屏上）。
（4）NMEL-29B（变频器挂箱）。

五、实验方法

1. 测取三相同步电动机的工作特性

如图 8-4 所示连接电路，逐渐增加负载，读取定子电流、输入功率、功率因数、输出转矩、转速。共取 4 ~ 5 组数据并记录于表 8-7 中。

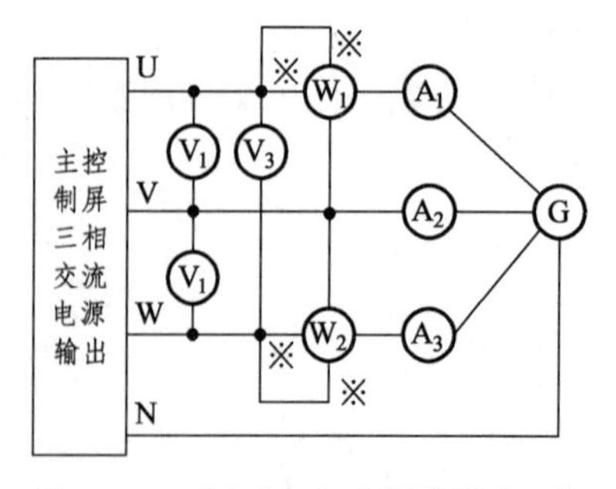

图 8-4　三相同步电动机接线（Y）

表 8-7　测量表　　U_N=380 V　　n=1 500 r/min

序号	同步电动机输入								同步机输出		
	I_A/A	I_B/A	I_C/A	I/A	$P_Ⅰ$/W	$P_Ⅱ$/W	P_1/W	$\cos\varphi$	T_2/（N·m）	P_2/W	η/%
1											
2											
3											
4											

表中 $I=(I_A+I_B+I_C)/3$，$P_1=P_Ⅰ+P_Ⅱ$，$P_2=0.105nT_2$，$\eta=(P_2/P_1)\times100\%$。

2. 做变频实验

模拟量控制的接线如图 8-5 所示。

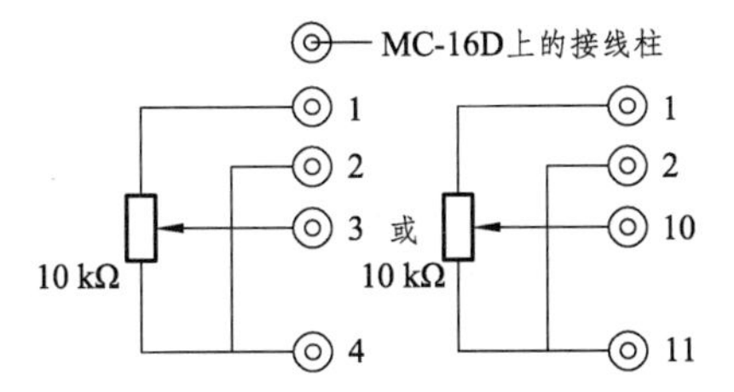

图 8-5　变频器模拟量控制的接线

两种接线需要改变变频器上的设置。

数字量接线可以通过变频器手册查询。在 380 V 电压下，将不同频率 f 设置的转矩 T 和转速 n 的数值，填入表 8-8。

表 8-8　测量表　　U_N=380 V

f=　　Hz	T/（N·m）				
	n/（r/min）				
f=　　Hz	T/（N·m）				
	n/（r/min）				
f=　　Hz	T/（N·m）				
	n/（r/min）				

六、实验报告

（1）作同步电动机的工作特性曲线：I、P_1、$\cos\varphi$、$\eta=f(P_2)$。

（2）变频实验时，不同频率下的电机转速及加载情况。

七、思考题

（1）对这台同步电动机的工作特性作评价。

（2）对变频器进行深入了解。

第九章

电机调速系统实验

实验一　采用 SPWM 的开环 VVVF 调速系统实验

一、实验目的

（1）加深对 SPWM 生成机理和过程的理解。

（2）熟悉 SPWM 变频调速系统中直流回路、逆变桥器件和微机控制电路之间的连接。

（3）了解 SPWM 变频器运行参数和特性。

二、实验内容

（1）在不同调制方式下，观测不同调制方式与相关参数变化对系统性能的影响，并作比较研究。

① 同步调制方式时，在不同的速度下，观测载波比变化对定子磁通轨迹的影响；

② 异步调制方式时，在不同的速度下，观测载波比变化对定子磁通轨迹的影响；

③ 分段同步调制时，在不同的速度下，观测载波比变化对定子磁通轨迹的影响。

（2）观测并记录起动时电机定子电流和电机速度波形 $i_v=f(t)$ 与 $n=f(t)$。

（3）观测并记录突加与突减负载时的电机定子电流和电机速度波形 $i_v=f(t)$ 与 $n=f(t)$。

（4）观测低频补偿程度改变对系统性能的影响。

（5）测取系统稳态机械特性 $n=f(M)$。

三、实验原理

1. 异步电动机恒压频比控制基本原理

由异步电动机的工作原理可知，电机转速 n 满足

$$n=\frac{60f}{p}(1-s)$$

其中，f 为定子电源频率，p 为电机定子极对数，s 为电机转差率。从式中可以看出，通过改变定子绕组交流供电电源频率，即可实现异步电机速度的改变。但是，在对异步电机调速时，通常需要保持电机中每极磁通保持恒定，因为如果磁通太弱，铁心的利用率不充分，在

同样的转子电流下，电磁转矩小，电动机的带负载能力下降；如果磁通过大，可能造成电动机的磁路过饱和，从而导致励磁电流过大，电动机的功率因数降低，铁心损耗剧增，严重时会因发热时间过长而损坏电机。

如果忽略电机定子绕组压降的影响，三相异步电动机定子绕组产生的感应电动势有效值 E 与电源电压 U 可认为近似相等：

$$U \approx E = 4.44 f N k_{\mathrm{N}} \Phi_{\mathrm{m}}$$

其中，E 为气隙磁通在定子每相绕组中感应电动势的有效值，f 为定子电压频率，N 为定子每相绕组匝数，k_{N} 为基波绕组系数，Φ_{m} 为每极气隙磁通量。

由上式可知，在基频电压以下改变定子电源频率 f 进行调速时，若要保持气隙磁通 Φ_{m} 恒定不变，只需相应地改变电源电压 U 即可。我们称这种保持电动机每极磁通为额定值的控制策略为恒压频比（U/f）控制。

在恒压频比控制方式中，当电源频率比较低时，定子绕组压降所占的比重增大，不能忽略不计。为了改善电机低频时的控制性能，可以适当提高低频时的电源电压，以补偿定子绕组压降的影响。我们称此时的控制方式为带低频补偿的恒压频比控制。以上两种控制特性的简单示意图如图 9-1 所示。

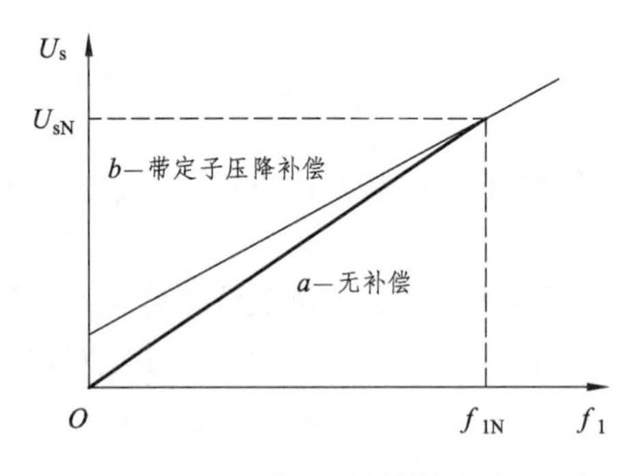

图 9-1　恒压频比控制特性

需要指出的是，恒压频比控制的优点是系统结构简单，缺点是系统的静态、动态性能都不高，应用范围有限。

2. 异步电动机变频调速系统基本构成

在交流异步电动机的诸多调速方法中，变频调速的性能最好，其特点是调速范围广、平滑性好、运行效率高，已成为异步电动机调速系统的主流调速方式。

异步电动机变频调速系统实验原理如图 9-2 所示，调速系统由不可控整流桥、滤波电路、三相逆变桥、DSP2812 数字控制系统以及其他保护、检测电路组成。

工作原理：三相交流电源由二极管整流桥整流，所得电流经滤波电路进行滤波后，输出直流电压；再由高频开关器件组成的逆变桥，将直流电逆变后输出三相交流电作为电机供电电源，其中通过对开关器件通断状态的控制，实现对电机运行状态的控制。

二极管整流桥、阻容滤波，三相逆变桥工作的基本原理与 SPWM 生成的基本原理不再赘述，作为实验预习内容，可参考教材相关章节。

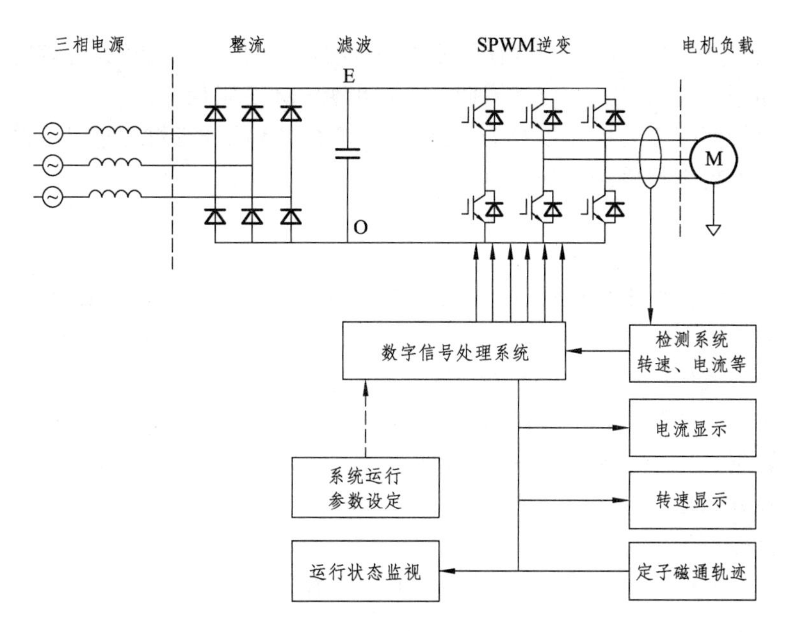

图 9-2　异步电动机变频调速系统原理

3. 基于 DSP 的 SPWM 调速系统基本原理

Ti DSP2812 是一款功能强大、专门用于运动控制开发的芯片。芯片内有可以用来专门生成 PWM 波的事件管理单元 EVA、EVB，配套的 12 位 16 通道的 AD 数据采集，丰富的 CAN、SCI 等外设接口，为电机控制系统的开发提供了极大的便利。基于 DSP 的 SPWM 调速系统原理框图如图 9-3 所示。

上位机控制平台
数据通信
软件程序
电机转速设定发送
DSP2812
恒压频比曲线（$M/U\text{-}f$）
正弦表生成及查询
三相脉冲宽度比较值
数据通信
DSP2812 与PWM生成相关的片内资源（比较器、定时器、死区控制、PWM发生器等）
PWM1
PWM2
PWM3
PWM4
PWM5
PWM6
直流电压
PWM逆变器
M ~

图 9-3　基于 DSP 的 SPWM 调速系统基本原理框图

系统上位机发送转速设定值及其他运行参数到 DSP 片内，其中载波周期值设置在定时器 1 周期寄存器（T1PR）内，将脉冲宽度比较值放置在比较单元的比较寄存器（CMPRx）中，通过定时器 1 控制寄存器（T1CON）设置定时器工作方式为连续增/减方式，通过比较控制寄存器 A（COMCONA）设置比较值重载方式，通过死区控制寄存器（DBTCONA）进行死区控制使能。进行比较操作时，计数器寄存器（T1COUNT）的值与比较单元比较寄存器的值相比较，当两个值相等时，延时一个时钟周期后，输出 PWM 逻辑信号。

对于脉宽比较值的生成程序以及 DSP2812 生成 PWM 的详细过程这里不再详述，有兴趣的同学可以查找资料进行更深入的了解。

4. 系统的参数

（1）交流电源为标准工频电源，故电源运行频率设定 f 可在 1 ~ 50 Hz 范围内连续可调。

（2）调制方式。

同步调制：载波比可以在 30 ~ 500 连续可调。

异步调制（默认调制方式）：载波频率可以在 1 500 ~ 4 000 Hz 连续可调。

分段同步调制：当运行频率 1 Hz<f<25 Hz 时，系统以异步方式运行；当运行频率 f≥25 Hz 时，系统以同步方式运行。

（3）V/f 曲线。

三条 V/f 曲线可供选择，以满足不同的低频电压补偿要求

① 无低频补偿；

② 当运行频率 1 Hz<f<5 Hz 时，补偿电压为 21.5 V；

③ 当运行频率 1 Hz<f<10 Hz 时，补偿电压为 43 V。

（4）电流校正在-500 ~ +500 连续可调。（电流校正主要是补偿电流信号采集系统的零点漂移）

四、实验设备

（1）NMCL-13B 基于 DSP 的单三相逆变及电机控制实验系统。

（2）异步电动机 M04，励磁直流发电机 M03。

（3）直流电机励磁电源、电阻负载等相关挂箱。

（4）万用表、示波器等。

五、实验步骤

（1）按照实验要求，连接硬件电路。检查无误后，给系统驱动部分供电。

（2）运行上位机调速系统软件，如图 9-4 所示，观察右下角软件状态指示灯状态，若为红色，重启软件；若为绿色，选择“感应电动机开环 VVVF 调速实验”。此时弹出面板为开环变频调速实验面板（四个虚拟示波器从左到右、从上到下依次显示的是三相调制波、实际转速、线电流、模拟定子磁通轨迹）。系统默认状态为异步调制方式；载波频率 f=3 000 Hz；系统电源频率设定为 f=30 Hz。由于 DSP 内程序未运行，USB 接口无数据，故界面中各虚拟示波器波形为无规则波形，如图 9-5 所示。

（3）保持上位机的“运行”状态，在下位机 DSP 中加载开环 SPWM 变频调速程序。加载完成后可从上位机前面板上看到虚拟示波器中有三路规则正弦调制波，如图 9-6 所示。将示波器探针连接至 SPWM 输出引出端口，观测端口是否有脉冲输出（如果示波器性能满足要求，可以看到脉冲频率 f=3 000 Hz），并且两两比较，观测面板上 1-2、3-4、5-6 端口波形，观察其相位是否相反，死区是否存在。

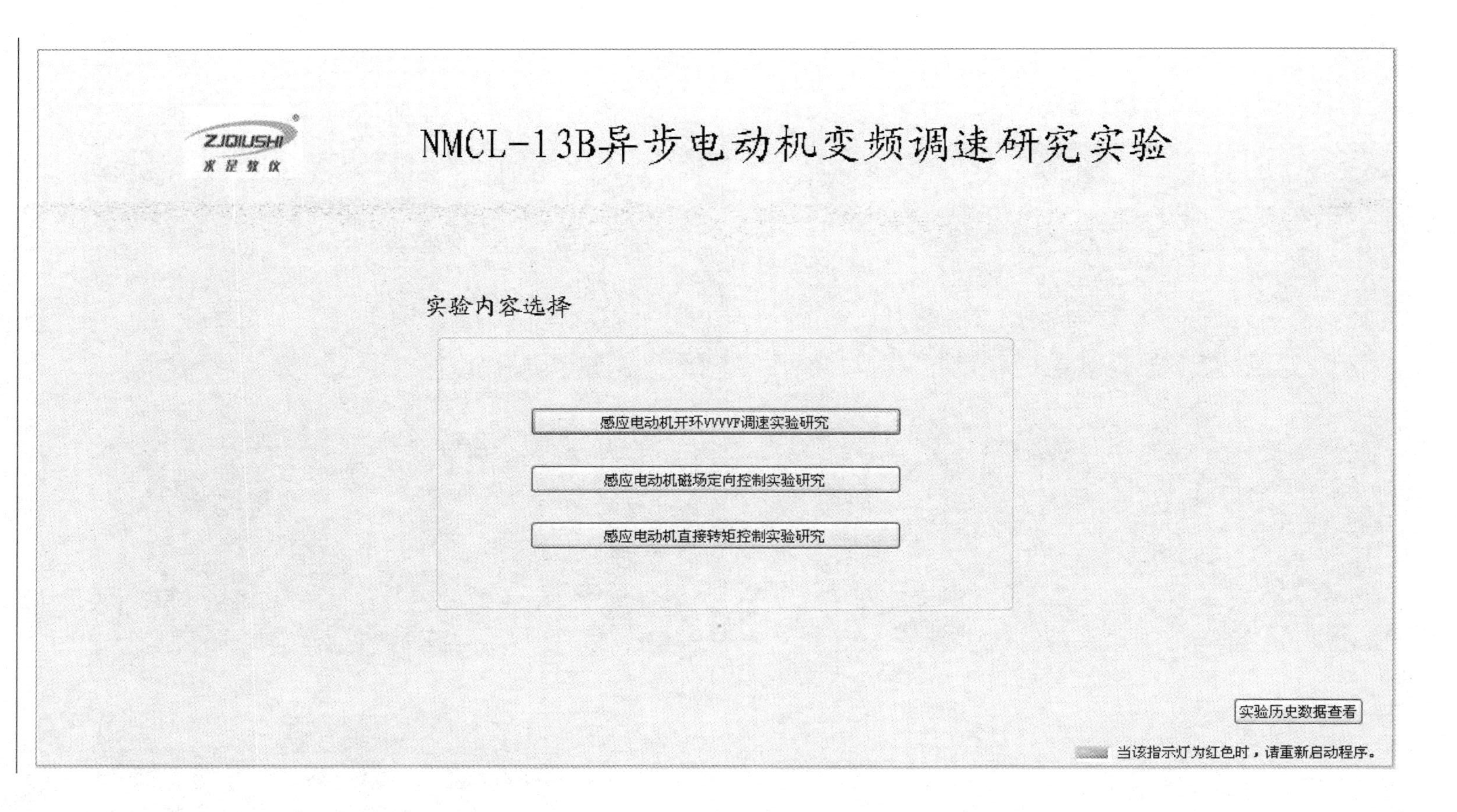

ZJQIUSHI
求是教仪
NMCL-13B异步电动机变频调速研究实验
实验内容选择
感应电动机开环VVVF调速实验研究
感应电动机磁场定向控制实验研究
感应电动机直接转矩控制实验研究
实验历史数据查看
当该指示灯为红色时，请重新启动程序。

图 9-4　实验选择面板

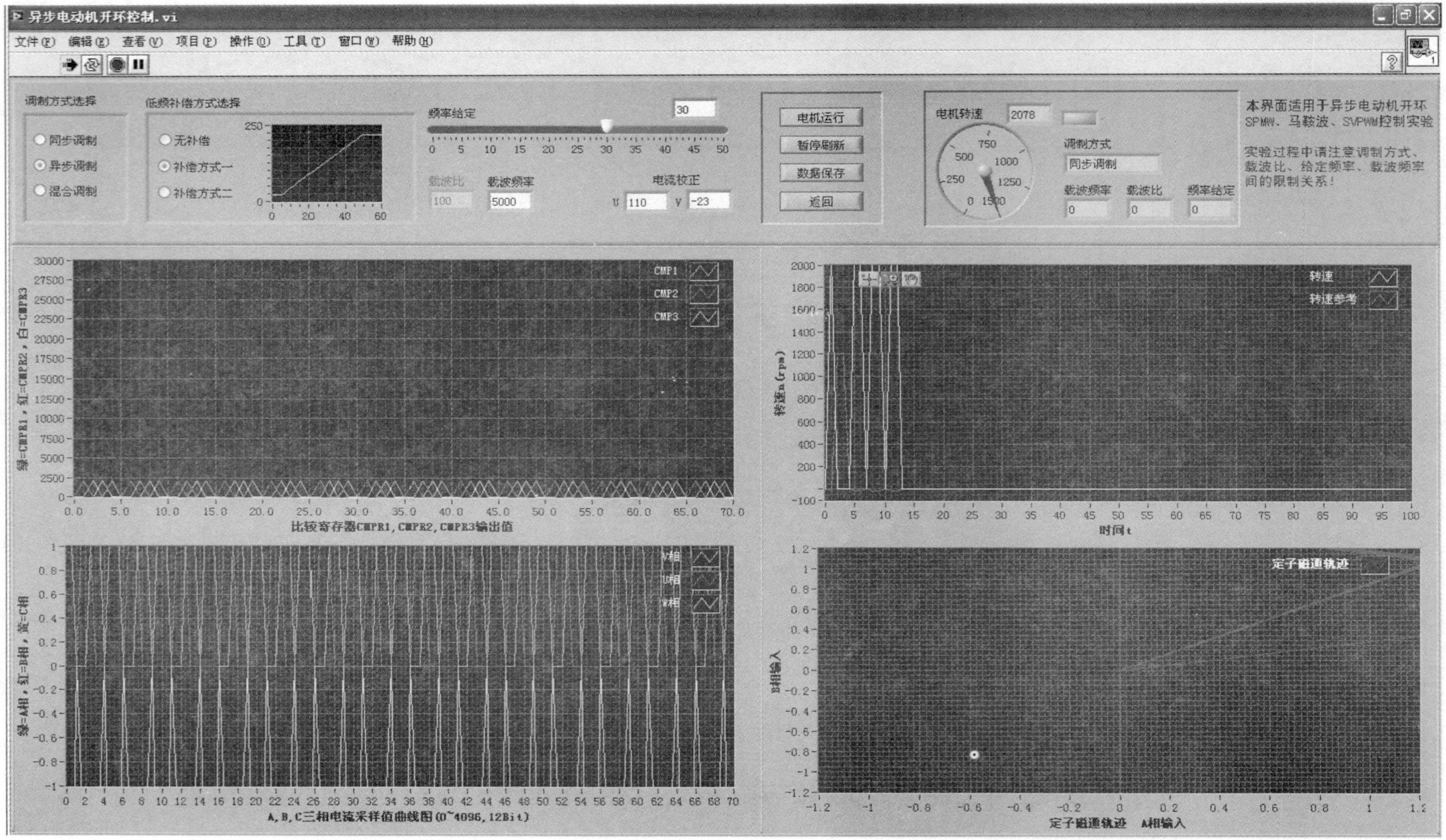

图 9-5　程序加载前面板（程序加载前）

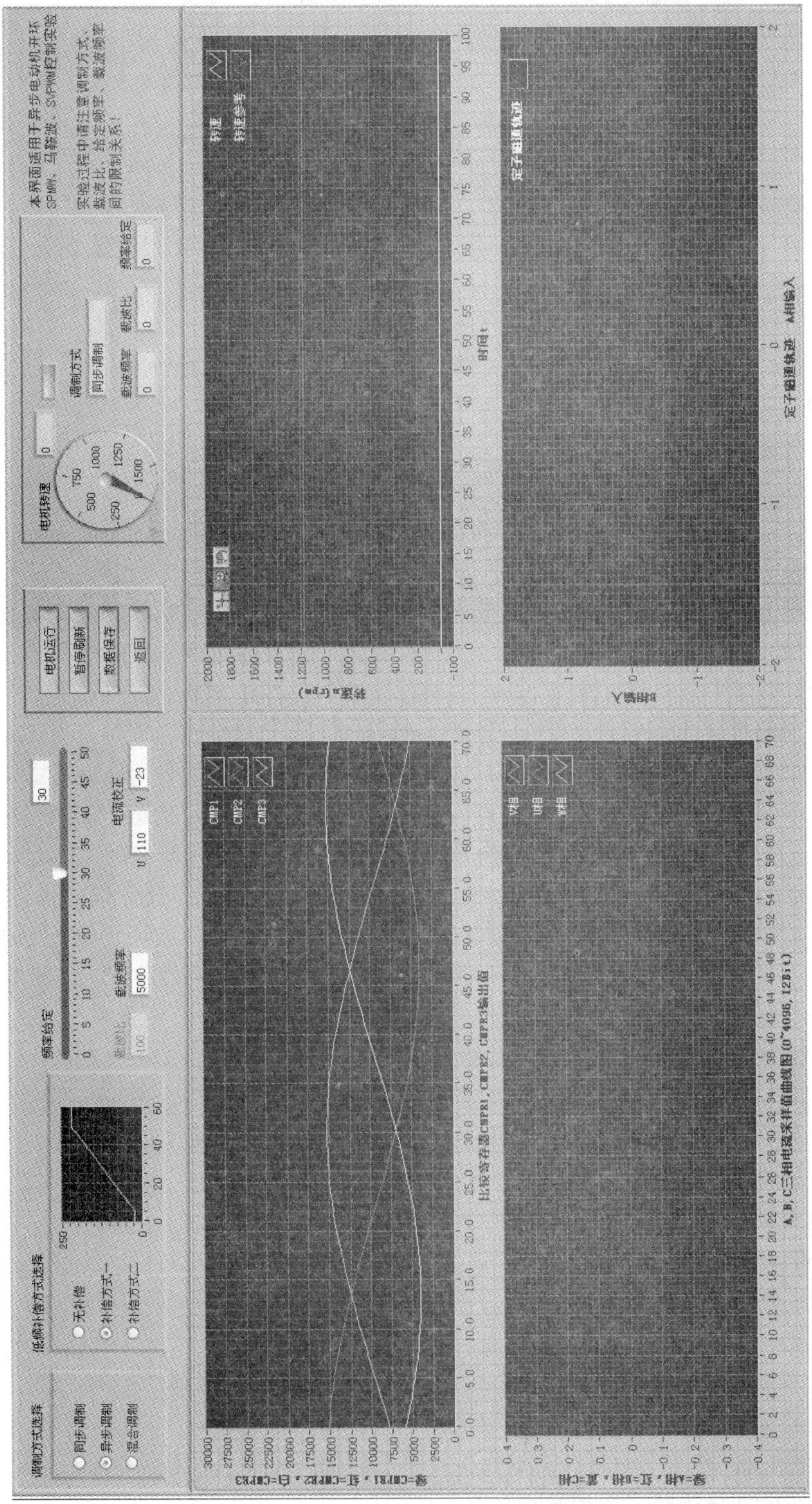

图 9-6　程序加载前面板（程序加载后）

（4）改变“电流校正”输入框中的校正值，使“ABC 三相电流采样值曲线图”中三条电流曲线均值到零值。电流采样校正前后的上位机界面如图 9-7、图 9-8 所示。

（5）完成上述系统初始化检测及校正后，即可进行以下实验。（此时用手旋转电动机转子，可在上位机转速显示图中观测到小幅曲线，转速指示转盘观察到指针摆动）

① 接通电源，缓慢旋转调压器使变频器供电电压为 220 V，使电机在默认设定参数下运行起来。

② 选择异步调制方式，在不同的速度下，观测载波比变化对定子磁通轨迹的影响。

③ 在“载波频率”输入框中输入载波频率，在“频率设置”调节条中设置预设值（1 ~ 50 Hz 的整数），从上位机中观测定子磁通曲线。

④ 上位机界面中保持“频率设置”值不变，更改“载波频率”的值（注意载波频率的变化范围），重新观测新的载波比下的定子磁通轨迹。通过对比前后磁通轨迹曲线，研究载波比变化对定子磁通轨迹的影响。可以按规定的频率、载波比等参数进行实验观察，也可以依据相关参数的限定关系自行设计。

（6）在不同的“频率设置下”重复进行上述实验。

① 同步调制时，在不同的速度下，观测载波比变化对定子磁通轨迹的影响；点击上位机中“电机运行”按钮切换到“电机停止”状态，使电机停止运行。在“调制方式选择”面板中选择“同步调制方式”，设定载波比和电源频率。完成上述设定后再切换回“电机运行”状态，使电机按照给定状态运行。选定不同的“频率设置”改变不同频率下的载波比，观察其对定子磁通轨迹和转速的影响（注意载波频率的变化范围）。在给定频率较低、并且载波比给定较小的情况下，电机会出现停转。

② 当分段同步调制时，在不同的速度下，观测载波比变化对定子磁通轨迹的影响；修改调制方式为“分段同步调制”。此时系统设定为 $1\ \text{Hz}<f<25\ \text{Hz}$，为低频状态，该频率段系统将以异步方式运行；当 $f>25\ \text{Hz}$ 时，系统以同步方式运行。观测并记录起动时电机定子电流和电机速度波形 $i_v=f(t)$与 $n=f(t)$。在上位机界面中设定一种电机运行状态（建议以异步方式起动，同步方式在小载波比的条件下可能不能正常起动）。使用“电机运行”按钮使电机停止旋转，使用“数据保存”按钮进行数据保存。然后点击“电机停止”使电机快速起动，观察并记录起动时电机定子电路和转速的变化过程。当电机完成起动后，点击“停止保存”，进行停止数据的保存。数据保存和查看保存数据的界面如图 9-9、图 9-10 所示。

③ 观测并记录突加与突减负载时的电机定子电流和电机速度波形 $i_v=f(t)$与 $n=f(t)$。为变频器供电至电机运行为稳定状态，使用前面板中“数据保存”功能，快速增加（减小）负载用发电机的负载，观测并记录该过程中转速及定子电流的波形。

a. 观测低频补偿程度改变对系统性能的影响。

从“低频补偿方式”中选择不同的补偿曲线（“无补偿”即无低频补偿；补偿方式一指电源频率为低频段，此时补偿电压为 21.5 V；补偿方式二指以源频率为 1 ~ 10 Hz 时的低频段，此时补偿电压为 43 V）。

设定低频频率，观察不同的低频补偿方式下，电机起动过程的区别。

b. 测取系统稳态机械特性 $n = f(M)$。设定频率给定值为 3 000 Hz，选取异步调制方式，调节负载用发电机 M03 的功率输出，当电机达到稳态时记录转速值，依次取点，根据所得数据在坐标纸上绘制出系统的稳态机械特性。

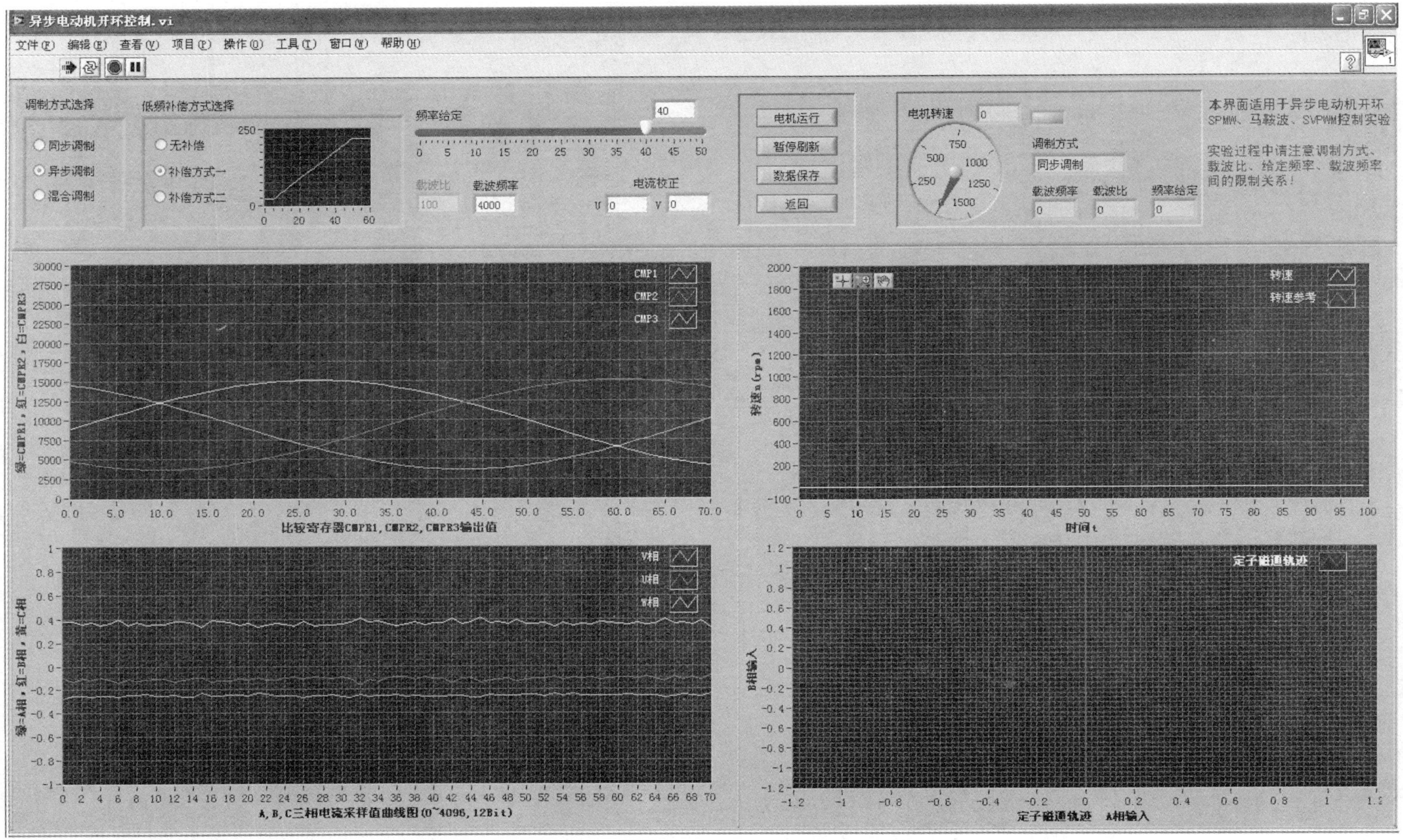

图 9-7 电流校正前面板

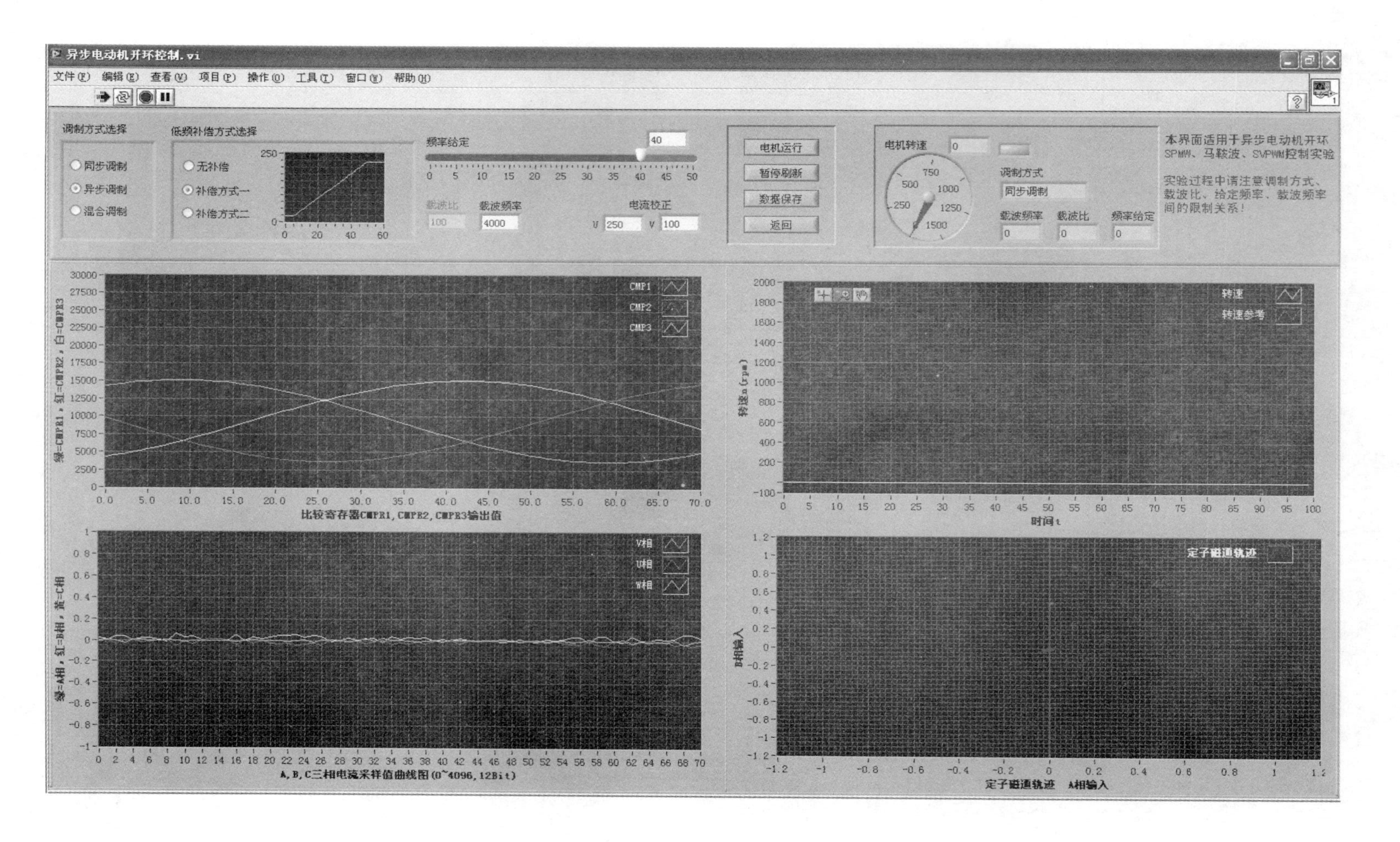
异步电动机开环控制.vi
文件(F) 编辑(E) 查看(V) 项目(P) 操作(O) 工具(T) 窗口(W) 帮助(H)
调制方式选择
同步调制
异步调制
混合调制
低频补偿方式选择
无补偿
补偿方式一
补偿方式二
频率给定
40
载波比
100
载波频率
4000
电流校正
U 250
V 100
电机运行
暂停刷新
数据保存
返回
电机转速
0
调制方式
同步调制
载波频率
载波比
频率给定
本界面适用于异步电动机开环SPMW、马鞍波、SVPWM控制实验
实验过程中请注意调制方式、载波比、给定频率、载波频率间的限制关系！
CMP1
CMP2
CMP3
绿=CMPR1，红=CMPR2，白=CMPR3
比较寄存器CMPR1, CMPR2, CMPR3输出值
转速
转速参考
转速n (rpm)
时间t
V相
U相
W相
绿=A相，红=B相，蓝=C相
A, B, C三相电流采样值曲线图(0~4096, 12Bit)
定子磁通轨迹
B相输入
A相输入

图 9-8　电流校正后面板

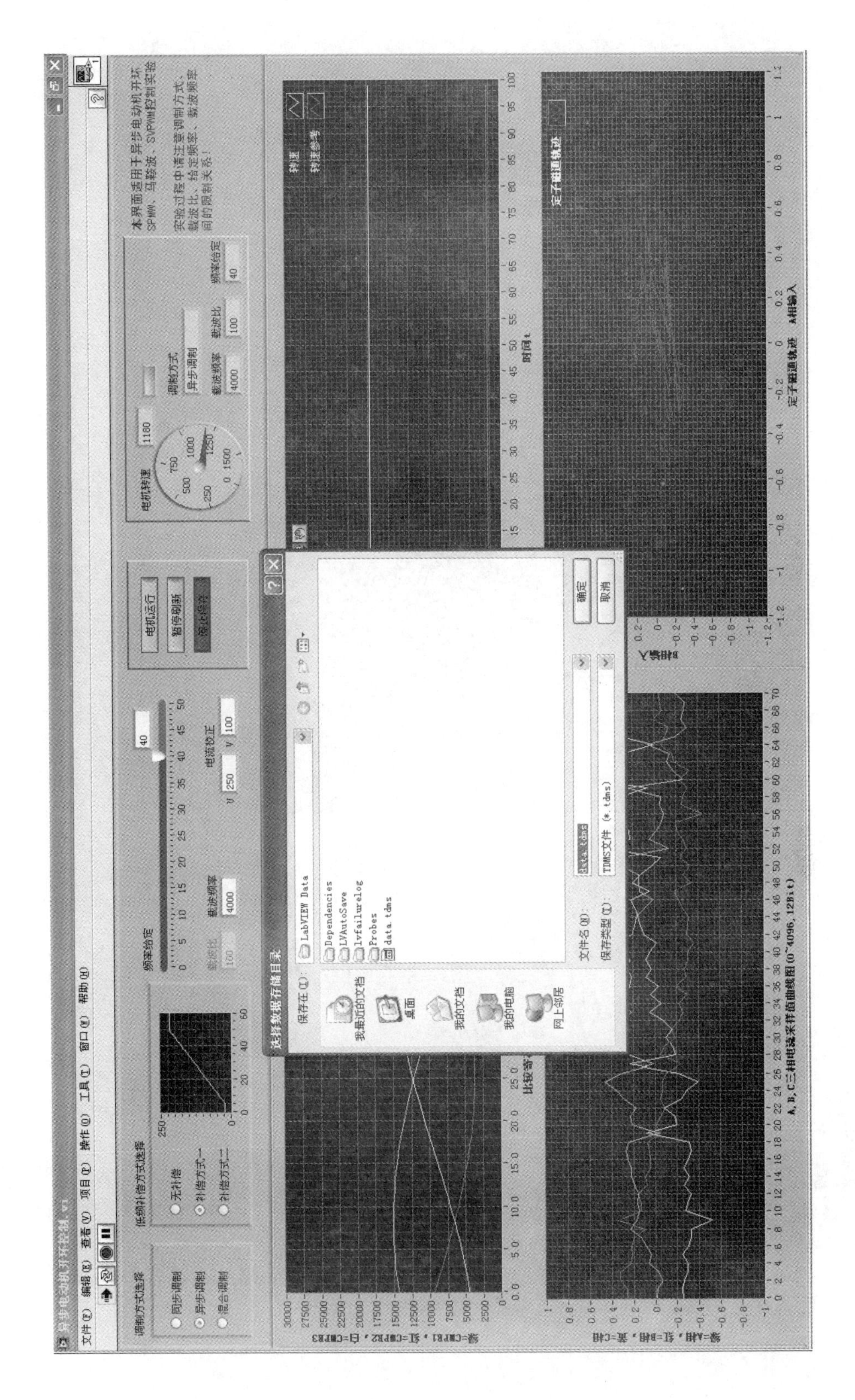

异步电动机开环控制.vi
文件(F) 编辑(E) 查看(V) 项目(P) 操作(O) 工具(T) 窗口(W) 帮助(H)
调制方式选择
同步调制
异步调制
混合调制
低频补偿方式选择
无补偿
补偿方式一
补偿方式二
频率给定
载波比
载波频率
电流校正
电机运行
暂停刷新
停止保存
电机转速
调制方式
异步调制
载波频率
载波比
频率给定
本界面适用于异步电动机开环SPWM、马鞍波、SVPWM控制实验
实验过程中请注意调制方式、载波比、给定频率、载波频率间的限制关系！
选择数据存储目录
保存在(I):
LabVIEW Data
Dependencies
LVAutoSave
lvfailurelog
Probes
data.tdms
我最近的文档
桌面
我的文档
我的电脑
网上邻居
文件名(N):
保存类型(T):
TDMS文件 (*.tdms)
确定
取消
转速
转速参考
时间t
定子磁通轨迹
A相输入
A,B,C三相电流采样曲线图(0~4096,12Bit)

图 9-9 数据保存操作

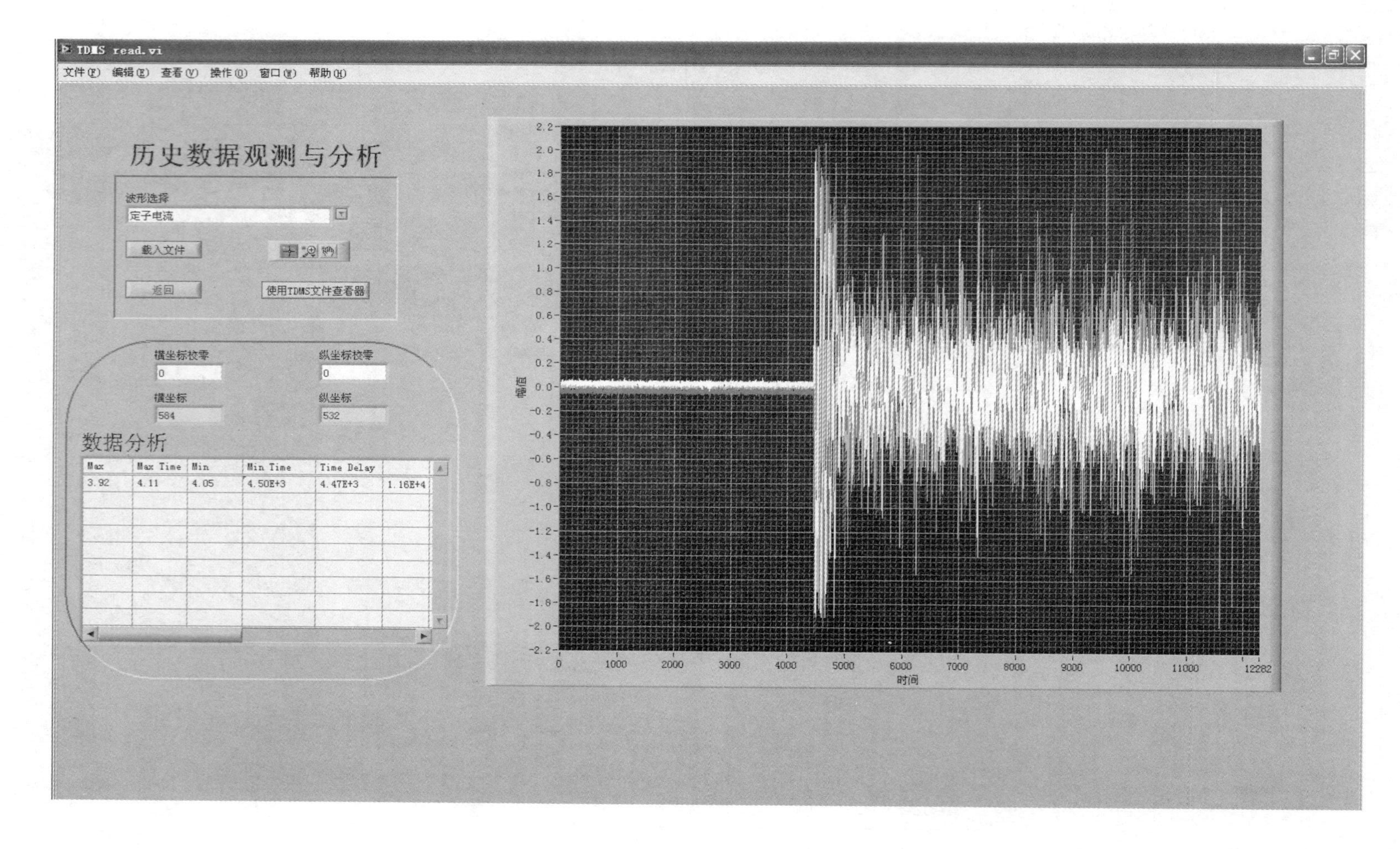

图 9-10 起动过程电流查看操作

c. 实验完毕，首先为逆变器退电，点击“返回”按钮返回实验选取界面。从起动界面中“实验历史数据查看”可查看前面各步骤所保存的实验数据。

d. 关闭其余各器件电源，完成实验。

六、注意事项

（1）注意操作顺序，首先运行上位机程序，用示波器观测到正确的 PWM 波形后，再在上位机上观察是否有预期的调制波产生，同时进行电流校正，方可进行变频器上电操作。

（2）在上位机中修改调制方式时，需停止电机旋转，完成修改后方可重新运行（空载或轻载时，可以直接修改），以防电机波动过大，对器件造成冲击。

（3）在设置参数时，还要注意参数间的相互影响关系，以保证系统运行状态的良好。无论同步还是异步在 SPWM 开环变频调速实验中载波频率都应该在一定的范围内，载波频率受到 DSP 事件管理器中周期寄存器 T1PR 位数的限制。程序中载波频率必须保持在 1 500 Hz 以上。当载波频率太小、电压利用率不足时，电机转速降低甚至停转，电机频率太高会影响程序的执行。实验测定载波频率在 4 000 Hz 以下。当给定载波频率不在 1 500 ~ 4 000 Hz 范围内，上位机会进行报警。载波频率在底层程序中也进行了限制。

（4）为变频器供电时，需缓慢增加电源供电，以免由于上位机参数写入、读取延迟造成的系统故障。

（5）进行实验操作时，要注意电机上电以及旋转中的声音变化，当出现异常声音时，要及时切断变频器电源。

实验二　采用空间矢量脉宽调制（SVPWM）的开环 VVVF 调速系统的实验研究

一、实验目的

（1）理解电压空间矢量脉宽调制（SVPWM）控制的基本原理。
（2）熟悉 SVPWM 调速系统中直流回路、逆变桥器件和控制电路之间的连接。
（3）了解 SVPWM 变频器运行参数和特性。

二、实验内容

（1）在不同调制方式下，观测不同调制方式与相关参数变化对系统性能的影响，并作比较研究：

同步调制方式时，在不同的速度下，观测载波比变化对定子磁通轨迹的影响；
异步调制方式时，在不同的速度下，观测载波比变化对定子磁通轨迹的影响；
分段同步调制时，在不同的速度下，观测载波比变化对定子磁通轨迹的影响。

（2）观测并记录起动时电机定子电流和电机速度波形 $i_v=f(t)$与 $n=f(t)$。
（3）观测并记录突加与突减负载时的电机定子电流和电机速度波形 $i_v=f(t)$与 $n=f(t)$。
（4）观测低频补偿程度改变对系统性能的影响。
（5）测取系统稳态机械特性 $n=f(M)$。

三、实验设备

（1）NMCL-13B 基于 DSP 的单三相逆变及电机控制实验系统。
（2）异步电动机 M04，励磁直流发电机 M03。
（3）直流电机励磁电源、电阻负载等相关挂箱。
（4）万用表、示波器等。

四、实验原理

当用三相平衡的正弦电压向交流电动机供电，电动机的定子磁链空间矢量幅值恒定，并以恒速旋转，磁链矢量的运动轨迹形成圆形的空间旋转矢量（磁链圆）。SVPWM 就是着眼于使形成的磁链轨迹跟踪由理想三相平衡正弦波电压源供电时所形成的基准磁链圆，使逆变电路能向交流电动机提供可变频电源，实现交流电动机的变频调速。

现在以实验系统中用的电压源型逆变器为例说明 SVPWM 的工作原理。三相逆变器由直流电源和 6 个开关元件（MOSFET）组成。如图 9-11 所示为电压源型逆变器的示意图。

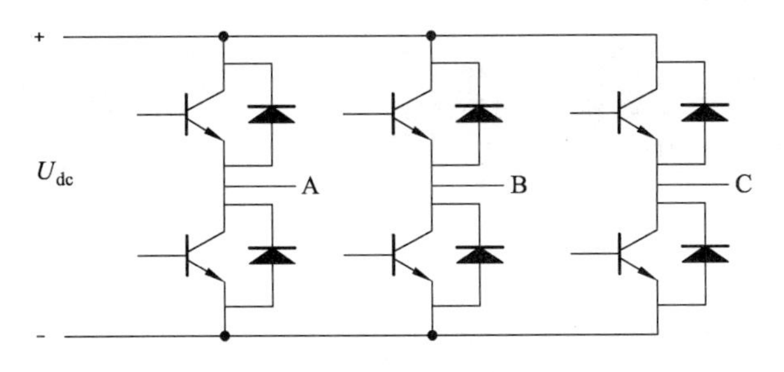

图 9-11 电压源型逆变器示意图

对于每个桥臂而言，它的上下开关元件不能同时打开，否则会因短路而烧毁元器件。其中 A、B、C 代表三个桥臂的开关状态，当上桥臂开关元件为开而下桥臂开关元件为关时定义其状态为 1，当下桥臂开关元件为开而上桥臂开关元件为关时定义其状态为 0。这样 A、B、C 有 000、001、010、011、100、101、110、111 共 8 种状态。逆变器每种开关状态对应不同的电压矢量，根据相位角不同分别命名为 U_0（000）、U_1（100）、U_2（110）、U_3（010）、U_4（011）、U_5（001）、U_6（101）、U_7（111），如图 9-12 所示。

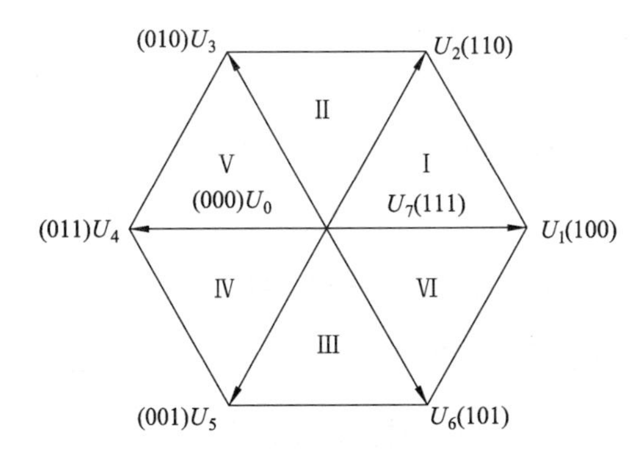

图 9-12 基本电压空间矢量

图中 U_0（000）和 U_7（111）称为零矢量，位于坐标的原点，其他的称为非零矢量，它们幅值相等，相邻的矢量之间相隔 60°。如果按照一定顺序选择这 6 个非零矢量的电压空间矢量进行输出，会形成正六边形的定子磁链，距离要求的圆形磁链还有很大差距，只有选择更多的非零矢量才会使磁链更接近圆形。

SVPWM 的关键在于用 8 个基本电压空间矢量的不同时间组合来逼近所给定的参考空间电压矢量。在图 9-13 中对于给定的输出电压 U，用它所在扇区的一对相邻基本电压 U_x 和 U_{x+60} 来等效。此外当逆变器单独输出零矢量时，电动机的定子磁链矢量是不动的。根据这个特点，可以在载波周期内插入零矢量，调整角频率，从而达到变频目的。

根据正弦定理可以得到

$$\begin{cases} \dfrac{T_1}{T_{\mathrm{PWM}}}U_x/\sin(60°-\theta)=U/\sin120° \\ \dfrac{T_2}{T_{\mathrm{PWM}}}U_{x+60}/\sin\theta=U/\sin120° \end{cases}$$

又有

$$\frac{T_1}{T_{\mathrm{PWM}}}U_x+\frac{T_2}{T_{\mathrm{PWM}}}U_{x+60}=U$$

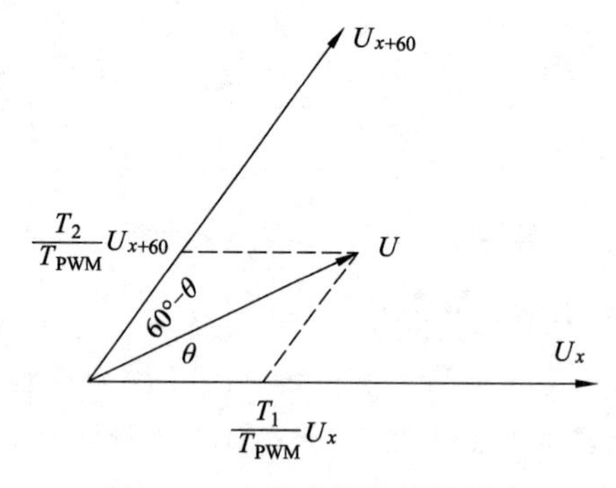

图 9-13　电压空间的线性组合

得到

$$\begin{cases}T_1=\dfrac{\sqrt{3}U}{U_x}T_{\mathrm{PWM}}\sin(60°-\theta)\\ T_2=\dfrac{\sqrt{3}U}{U_{x+60}}T_{\mathrm{PWM}}\sin\theta\\ T_0=T_{\mathrm{PWM}}-t_1-t_2\end{cases}$$

式中，T_{PWM} 为载波周期；U 的幅值可以由 U/f 曲线确定；U_x 和 U_{x+60} 的幅值相同且恒为直流母线电压 $\frac{3}{2}V$；θ 可以由输出正弦电压角频率 w 和 nT_{PWM} 的乘积确定。因此，当已知两相邻的基本电压空间矢量 U_x 和 U_{x+60} 后，就可以根据上式确定 T_1、T_2、T_0。

五、实验流程图

脉宽调制（SVPWM）的开环 VVVF 调速系统实验流程如图 9-14 所示。

六、实验步骤

步骤与 SPWM 相同。
注意事项也与 SPWM 相同。

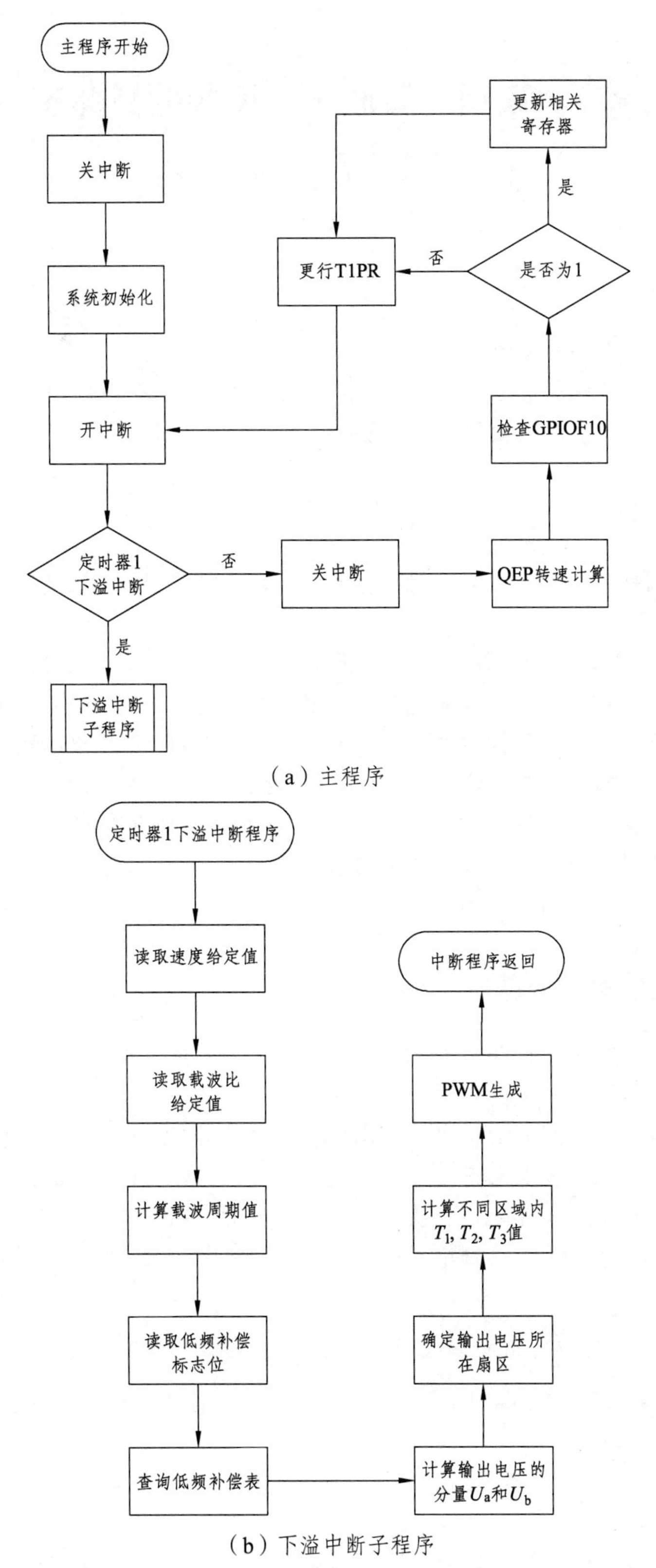

（a）主程序

（b）下溢中断子程序

图 9-14　脉宽调制（SVPWM）的开环 VVVF 调速系统实验流程

实验三　采用马鞍波脉宽调制的开环 VVVF 调速系统的实验研究

一、实验目的

（1）加深理解马鞍波脉宽调制的机理和过程。
（2）熟悉马鞍波变频调速系统中直流回路、逆变桥器件和微机控制电路之间的连接。
（3）了解马鞍波脉宽调制变频器运行参数和特性。

二、实验内容

（1）在不同调制方式下，观测不同调制方式与相关参数变化对系统性能的影响，并作比较研究。

① 同步调制方式时，在不同的速度下，观测载波比变化对定子磁通轨迹的影响。
② 异步调制方式时，在不同的速度下，观测载波比变化对定子磁通轨迹的影响。
③ 分段同步调制时，在不同的速度下，观测载波比变化对定子磁通轨迹的影响。

（2）观测并记录起动时电机定子电流和电机速度波形 $i_v=f(t)$与 $n=f(t)$。
（3）观测并记录突加与突减负载时的电机定子电流和电机速度波形 $i_v=f(t)$与 $n=f(t)$。

① 观测低频补偿程度改变对系统性能的影响。
② 测取系统稳态机械特性 $n=f(M)$。

三、马鞍波脉宽调制基本原理

马鞍波脉宽调制控制方式的提出主要是针对 SPWM 控制方式下电压利用率低的缺点。在 SPWM 控制方式下，设三角波的幅值为 1 的前提下，正弦波调制函数的幅值就不能超过 1，也就是说调制比是小于 1 的，直流电压利用率仅为 86.6%。由此，人们提出三次谐波注入的 PWM 控制方式，在注入了三次谐波后，就可以在保证总的调制函数的峰值不大于 1 的前提下，让其中的基波分量的幅值达到约 1.2，提高了直流电压的利用率。在三相无中线系统中，由于三次谐波电流无通路，所以 3 个线电压和线电流中均不含三次谐波。常用的三次谐波注入的调制函数为

$$f(wt)=M(\sin wt+0.2\sin 3wt)$$

由于三次谐波将基波的顶部削平了，形成了马鞍波的波形，因此只有将调制比 M 增大到超过 1.2，才会出现过调制。

四、实验设备

（1）NMCL-13B 基于 DSP 的单三相逆变及电机控制实验系统。

（2）异步电动机 M04，励磁直流发电机 M03。
（3）直流电机励磁电源、电阻负载等相关挂箱。
（4）万用表、示波器等。

五、实验步骤

实验步骤与本章实验二步骤相同，不再赘述。波形如图 9-15 所示。
注意！无论是同步调制还是异步调制，马鞍波控制方式下的载波频率应小于 3 200 Hz。

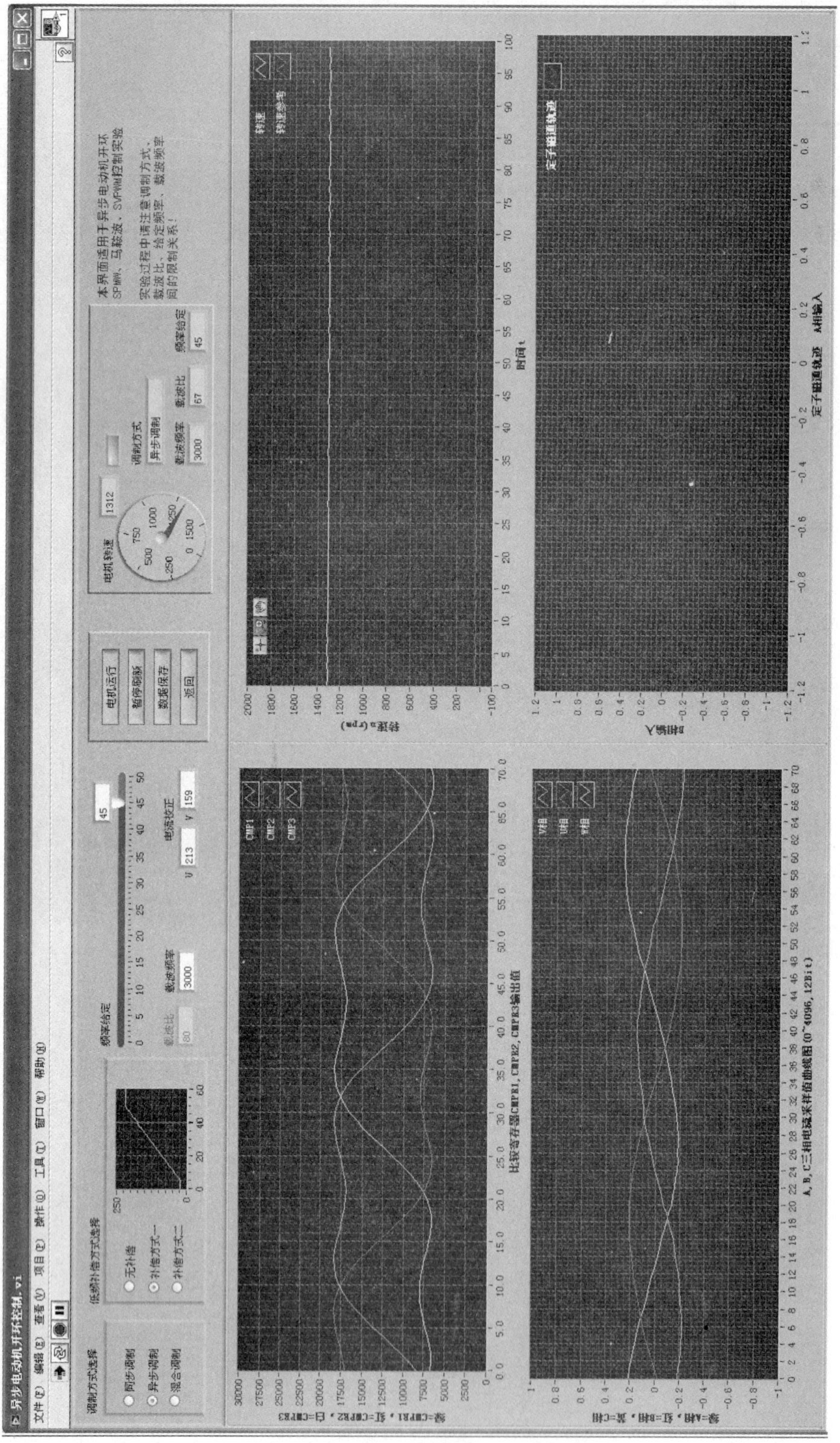

图 9-15　马鞍波脉宽调制的开环 VVVF 调速系统波形

实验四　采用磁场定向控制（FOC）的感应电机变频调速系统的研究

一、实验目的

（1）深入理解异步电动机的矢量控制策略。

（2）了解基于 DSP 实现异步电动机矢量控制变频调速系统的构成。

（3）基于 DSP 开发应用技术，掌握异步电动机矢量控制系统的分析、设计、调试方法。

二、实验内容

（1）测取系统的稳态机械特性 $n=f(M)$，观察定子磁通轨迹。

（2）观测并记录起动时电机定子电流和电机速度波形 $i_v=f(t)$与 $n=f(t)$。

（3）观测并记录突加与突减负载时的电机定子电流和电机速度波形 $i_v=f(t)$与 $n=f(t)$。

（4）研究速度调节器参数（P、I）改变对系统稳态与动态性能的影响。

（5）研究电流调节器参数（P、I）改变对系统稳态与动态性能的影响。

（6）研究转子回路时间常数（$T_r=L_r/R_r$）改变对系统稳态与动态性能的影响。

三、实验原理

在前三个实验中介绍了交流异步电动机开环变频变压调速系统，它们采用了 U/f 恒定、转速开环的控制，基本上解决了异步电机平滑调速的问题。但是，对于那些对动静态性能要求都较高的应用系统来说，上述系统还不能满足使用要求。直流电动机具有优良的动静态调速特性，交流异步电动机的调速性能之所以不如直流电动机主要是因为以下三个原因：

（1）直流电动机的励磁电路和电枢电路是相互独立的；而交流异步电动机的励磁电流和负载电流都在定子电路内，无法将它们分开。

（2）直流电动机的主磁场和电枢磁场在空间上互差 90°；而交流异步电动机的主磁场和转子电流磁场间的夹角与功率因数有关。

（3）直流电动机是通过独立地调节两个磁场中的一个进行调速的；交流异步电动机则不能。

在交流异步电动机中实现对负载电流和励磁电流的分别独立控制，并使它们的磁场在空间位置上也能互差 90°成为人们追求的目标，并最终通过矢量控制的方式得以实现。

关于矢量控制的原理及实现方法从以下几个方面进行介绍。

1. 三种等效地产生旋转磁场的方法

在三相固定且空间上相差 120°绕组上通三相平衡且相位上相差 120°的交流电，会产生旋转磁场。电流交变一个周期，磁场也旋转一周，在磁场旋转过程中磁感应强度不变，所以称为圆磁场。在两相固定且空间上相差 90°的绕组上通两相平衡且相位上相差 90°的交流电后，同样会产生旋转磁场且与三相旋转磁场具有完全相同的特点。如果在旋转体上放置两个相互

垂直的直流绕组 M、T，则当给这两个直流绕组分别通以直流电流时，它们的合成磁场仍然是恒定磁场。当旋转体开始旋转，该合成磁场也随之旋转。而且，如果调节两路直流电流 i_M，i_T 中的任何一路时，合成磁场的磁感应强度也得到了调整。用这三种方法产生的旋转磁场可以完全相同，这时可以认为三相磁场、两相磁场、旋转直流磁场系统是等效的。因此，这三种旋转磁场之间可以进行等效变换。

通常，把三相交流系统向两相交流系统的转换称为 Clarke 变换，或者称为 3/2 变换；两相系统向三相系统的转换称为 Clarke 逆变换，或者 2/3 变换；把两相交流系统向旋转的直流系统的转换称为 Park 变换；旋转的直流系统向两相交流系统的转换称为 Park 逆变换。

2. 矢量控制的基本思想

一个三相交流的磁场系统和一个旋转体上的直流励磁系统，通过两相交流系统作为过渡，可以互相进行等效转换。也就是说，由两个相互垂直的直流绕组同处于一个旋转体上，两个绕组中分别独立地输入由给定信号分解而得到的励磁信号 i_M 和转矩电流信号 i_T，并把 i_M，i_T 作为基本控制信号。通过等效变换，可以得到与基本控制信号 i_M 和 i_T 等效的三相交流控制信号 i_A、i_B、i_C，用它们去控制逆变电路。同样，对于电动机，在运行过程中系统的三相交流数据，又可以等效变换成两个相互垂直的直流信号，反馈到控制端，用来修正基本控制信号 i_M，i_T。

在进行控制时，可以和直流电动机一样，使其中一个磁场电流 i_M 不变，而控制另一个磁场电流信号，从而获得和直流电动机类似的控制效果。

矢量控制的基本原理也可以由图 9-16 加以说明。

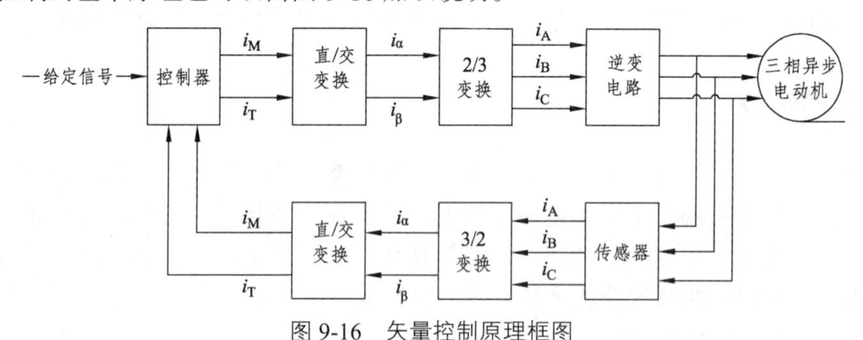

图 9-16　矢量控制原理框图

3. 矢量控制的坐标变换

（1）Clarke 变换与 Clarke 逆变换。

Clarke 变换为

$$\begin{bmatrix} i_\alpha \\ i_\beta \end{bmatrix} = \sqrt{\frac{2}{3}} \begin{bmatrix} 1 & -\frac{1}{2} & -\frac{1}{2} \\ 0 & \frac{\sqrt{3}}{2} & -\frac{\sqrt{3}}{2} \end{bmatrix} \begin{bmatrix} i_A \\ i_B \\ i_C \end{bmatrix}$$

Clarke 逆变换为

$$\begin{bmatrix} i_A \\ i_B \\ i_C \end{bmatrix} = \sqrt{\frac{2}{3}} \begin{bmatrix} 1 & 0 \\ -\frac{1}{2} & \frac{\sqrt{3}}{2} \\ -\frac{1}{2} & -\frac{\sqrt{3}}{2} \end{bmatrix} \begin{bmatrix} i_\alpha \\ i_\beta \end{bmatrix}$$

对于三相绕组不带零线的星形接法，有 $i_A+i_B+i_C=0$，所以当只采集三相定子电流中的两相时，又有

$$\begin{bmatrix} i_\alpha \\ i_\beta \end{bmatrix} = \begin{bmatrix} \sqrt{\dfrac{2}{3}} & 0 \\ \dfrac{\sqrt{2}}{2} & \sqrt{2} \end{bmatrix} \begin{bmatrix} i_A \\ i_B \end{bmatrix}$$

逆变换为

$$\begin{bmatrix} i_A \\ i_B \end{bmatrix} = \begin{bmatrix} \sqrt{\dfrac{2}{3}} & 0 \\ -\dfrac{1}{\sqrt{6}} & \dfrac{1}{\sqrt{2}} \end{bmatrix} \begin{bmatrix} i_\alpha \\ i_\beta \end{bmatrix}$$

（2）Park 变换和 Park 逆变换。

根据两相旋转坐标系和两相静止坐标系的关系，如图 9-17 所示得

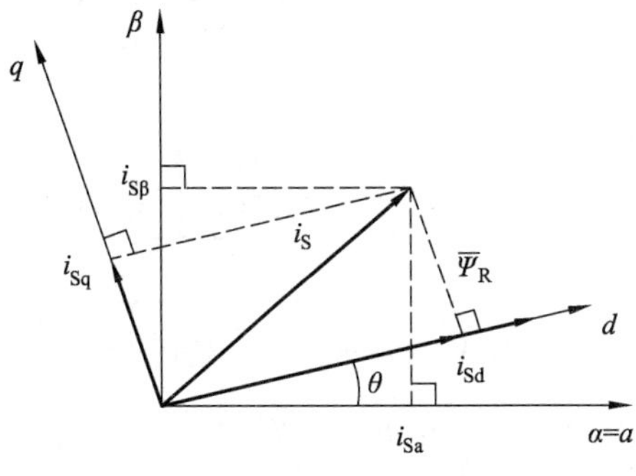

图 9-17　坐标变换

$$i_\alpha = i_d\cos\theta - i_q\sin\theta$$
$$i_\beta = i_d\sin\theta + i_q\cos\theta$$

其矩阵关系为

$$\begin{bmatrix} i_\alpha \\ i_\beta \end{bmatrix} = \begin{bmatrix} \cos\theta & -\sin\theta \\ \sin\theta & \cos\theta \end{bmatrix} \begin{bmatrix} i_d \\ i_q \end{bmatrix}$$

这是两相旋转坐标系向两相静止坐标系的变换矩阵，也就是 Park 逆变换。这是一个正交矩阵，所以从两相静止坐标系向两相旋转坐标系的变换为

$$\begin{bmatrix} i_d \\ i_q \end{bmatrix} = \begin{bmatrix} \cos\theta & \sin\theta \\ -\sin\theta & \cos\theta \end{bmatrix} \begin{bmatrix} i_\alpha \\ i_\beta \end{bmatrix}$$

也就是 Park 变换。其中，θ 的值为旋转坐标系与静止坐标系的夹角，$\theta=wt+\theta_0$。θ_0 为初始夹角，w 为旋转坐标系的旋转角速度。当我们把旋转坐标系的初始位置定位在静止坐标系上，即 $\theta_0=0$ 时，得到此时需要的 Park 变换和逆变换。

$$\begin{bmatrix} i_M \\ i_T \end{bmatrix} = \begin{bmatrix} \cos\theta & \sin\theta \\ -\sin\theta & \cos\theta \end{bmatrix} \begin{bmatrix} i_\alpha \\ i_\beta \end{bmatrix}$$

$$\begin{bmatrix} i_\alpha \\ i_\beta \end{bmatrix} = \begin{bmatrix} \cos\theta & -\sin\theta \\ \sin\theta & \cos\theta \end{bmatrix} \begin{bmatrix} i_M \\ i_T \end{bmatrix}$$

4. 转子磁链位置的计算

为了让旋转坐标系下的直流电产生与三相交流电产生同样的磁场，旋转坐标系的位置必须和旋转磁场保持一致。这要求我们必须不断计算出转子磁链的位置来更新θ值。对于转子磁链的计算有多种方法，根据实验条件可以有不同的选择，这里我们选择利用电流模型法来进行转子的磁链估计。

电流模型估计法的基本思路是根据描述转子磁链与电流关系的磁链方程估计、计算转子磁链，电流估计模型运算框图如图 9-18 所示。

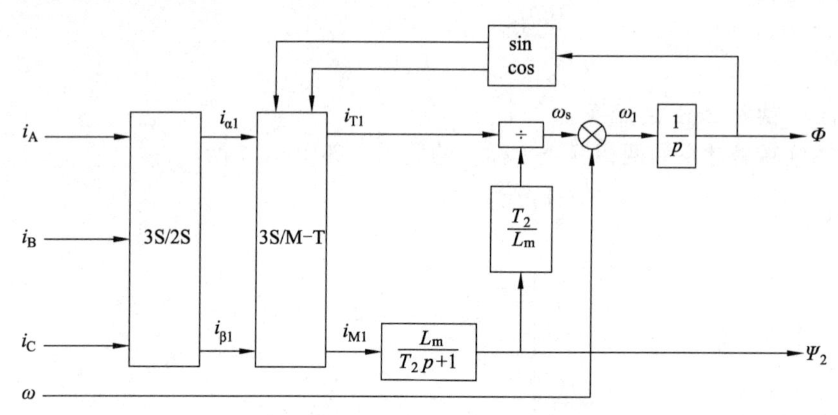

图 9-18 转子磁链电流估计模型

输入信号包括经检测得到的电机三相电流瞬时值 i_A、i_B、i_C 和转速信号 ω；输出信号包括转子磁链矢量的幅值 Ψ_r 和表征磁链位置的 ϕ 值，用于磁链闭环控制。将静止坐标系中的电动机三相定子电流经 3/2 变换和静止-旋转变换，按转子磁链定向得到旋转坐标系中的电流分量 i_M 和 i_T，再按照下面的式子求得 Ψ_r 和 ϕ 值。

$$\begin{cases} \Psi_r = \dfrac{L_m}{T_r p + 1} i_M \\ \omega = \omega_1 - \omega_s \\ \omega_s = \dfrac{L_m}{T_r \Psi_r} i_T \\ \theta = \int \omega_1 \mathrm{d}t \end{cases}$$

式中，$T_r=L_r/R_r$ 是转子回路的时间常数。因为采用电流模型的磁链估计与电动机的运行转速有关，该计算方法可用于任何速度范围，尤其可用于系统零转速起动的情形。但是，基于该模型的转子磁链估计精度仍受到电动机参数变化的影响，尤其是转子电阻会受到电动机升温和频率变化的影响，我们难以对其进行补偿；而且磁饱和程度也将会影响电感 L_m 和 L_r。

5. 异步电动机定转子参数测定

在以三相异步电动机为控制对象构建的高性能矢量控制变频调速系统中，控制器的设计、系统的结构与调试均涉及电动机的相关参数。三相异步电动的常用参数主要包括电动机定子

电阻 R_s、定子漏感 L_s、转子电阻 R_r、转子漏感 L_r、励磁电阻 R_m 和励磁电感 L_m。一般情况下，上述参数的测定都采用实验的方法进行测定。测定结束，测定的参数在程序中作为定值被使用。常用的实验方法如下。

（1）利用伏安法测定常温下定子三相绕组的电阻值。

在测试电路中接入可变直流电源，并且在异步电动机定子回路中串入限流电阻，将电路中的限流电阻调至最大阻值，调节直流电源使定子相绕组电流不超过电动机额定电流的 20%，读取对应的电压值与电流值，求得定子三相绕组的电阻值。

（2）利用短路实验法测定定子、转子漏抗，以及折合到定子侧的转子等效电阻。

实验中将电动机转子堵转（转差率 s=1）。为了防止实验中出现过流，一般将电动机接通较低交流电压 $U_s=0.4U_{sN}$，使得在定子绕组内流过额定电流。记录定子输入功率 P_s、电压 U_s 和电流 I_s。利用下式计算得到定子、转子平均漏抗，以及折合到定子侧的转子平均电阻。

$$X_s = X'_r = \frac{\sqrt{\left(\dfrac{U_s}{I_s}\right)^2 - \left(\dfrac{P_s}{I_s^2}\right)^2}}{2}$$

$$R'_r = \frac{P_s}{I_s^2} - R_s$$

（3）利用空载实验法测定励磁电阻和励磁电感。

实验中异步电动机在额定电压作用下空载运行，改变定子电压，记录定子绕组的端电压 U_0、空载电流 I_0、空载功率 P_0 和转速 n。根据下式求得电动机的励磁电阻和励磁电感。

$$R_m = \frac{U_0^2}{P_0}$$

$$L_m = \frac{U_0^2}{\sqrt{U_0^2 I_0^2 - P_0^2}}$$

6. 转子时间常数对矢量控制系统动静态性能的影响

在转子磁场定向中，转子时间常数是影响最大也是最关键的参数。其中，转子电阻受温度的影响会在很大范围内变化，在有些情况下，这可能是使转子时间常数发生变化的主要原因。另外，磁路饱和程度的改变也会使转子时间常数发生变化。

转子时间常数变化对系统稳态性能的影响：我们假定 $R_r < R_r^*$，于是有 $\dfrac{L_r^*}{R_r} < \dfrac{L_r^*}{R_r^*}$。如果系统仍旧按照原来的方法进行磁场定向，就会出现旋转坐标偏离实际转子磁链的情况，此时磁场定向被破坏。因为此时磁场定向 MT 轴系的解耦条件受到破坏，这意味着指令值在 MT 轴系上的分量并没有成为转子磁通和电磁转矩的实际控制量，也就无法实现矢量控制。对于 $R_r < R_r^*$ 这种情况，实际的 Ψ_r 要大于 Ψ_r^*，这将使电动机过励，引起磁路饱和、损耗增大、功率因数下降、温度过高等现象。

转子时间常数变化对系统动态性能的影响：

磁场定向遭到破坏后，MT 轴系已不再沿转子磁场方向定向，而变为一个任意的 MT 轴系，从这时的转子磁链和电压矢量方程看，无论何种原因或者扰动使磁场定向遭到破坏后，都会

使 MT 坐标内产生增量 $\Delta \Psi_M$ 和 $\Delta \Psi_T$ 。当扰动小时，这两个磁通增量不会立即消失，而是以振荡形式衰减，在这一过程中电磁转矩会随之发生振荡。

由上面的分析可以看出，转子参数发生偏差，不仅会使电动机在不合适的稳态工作点下运行，还会使系统动态性能下降，甚至产生不需要的振荡。

7. 基于 DSP 的异步电动机矢量控制实现原理

如图 9-19 所示为三相异步电动机采用 DSP 全数字控制的结构。

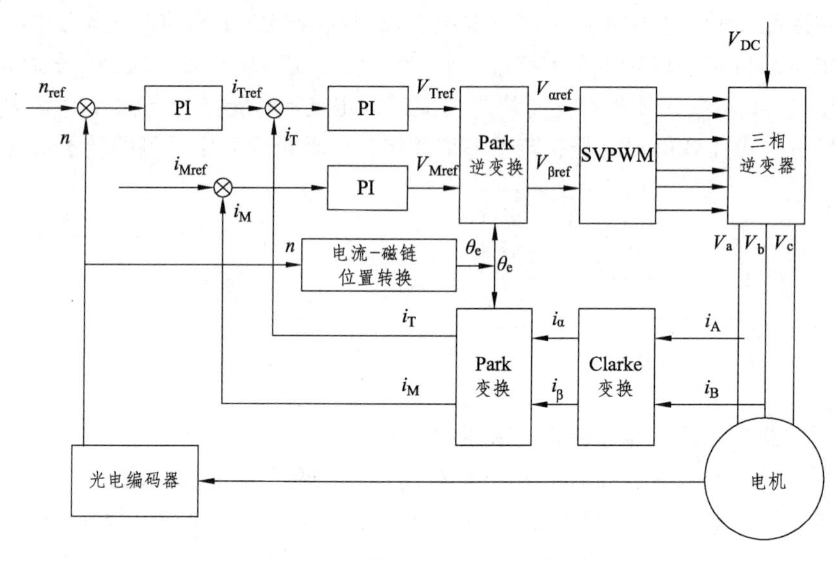

图 9-19　三相异步电动机采用 DSP 全数字控制的结构

通过电流传感器测量逆变器输出的定子电流 i_A、i_B，经过 DSP 的 A/D 转换器转换成数字量，并利用式 i_C=-（i_A+i_B）计算出 i_C。

通过 Clarke 变换和 Park 变换将电流 i_A、i_B、i_C 变换成旋转坐标系中的直流分量 i_M、i_T，并且将 i_M、i_T 作为电流环的负反馈量。

利用 2048 线的增量式编码器测量电动机的机械转角位移，并将其转换成转速 n。转速 n 作为速度环的反馈量。

由于异步电动机的转子机械转速与转子磁链转速不同步，所以可以用基于电流模型估计法的电流-磁链位置转换模块求出转子磁链位置，用于参与 Park 变换与逆变换的计算。

给定转速与转速反馈量的偏差经过速度 PI 调节器，其输出作为用于转矩控制的电流 T 轴参考分量 i_{Tref}。i_{Tref} 和 i_{Mref} 与电流反馈量 i_M、i_T 的偏差经过电流 PI 调节器，分别输出 MT 旋转坐标系的相电压分量 V_{Tref} 和 V_{Mref}，V_{Tref} 和 V_{Mref} 经过 Park 变换转换成 α-β 直角坐标系的定子相电压矢量的分量 $V_{\alpha ref}$ 和 $V_{\beta ref}$。

当定子电压矢量的分量 $V_{\alpha ref}$ 和 $V_{\beta ref}$ 及其所在的扇区已知时，就可以利用本章实验三中介绍的电压空间矢量 SVPWM 技术，产生 PWM 控制信号来控制逆变器。

四、实验设备

（1）NMCL-13B 基于 DSP 的单三相逆变及电机控制实验系统。

（2）直流发电机 M01。
（3）NMCL-03 可调电阻器。
（4）示波器等。

五、系统的性能指标

（1）电源运行频率设定 f 可以在 1 ~ 50 Hz 连续可调。
（2）电机制动起动控制。
（3）速度调节器参数（P、I），P 在 0.001 ~ 1 连续可调，I 在 0.001 ~ 1 可调。
（4）流调节器参数（P、I），P 在 10 ~ 500 连续可调，I 在 0 ~ 5 000 可调。
（5）转子时间常数 T_r 在 20 ~ 1 000 连续可调。
（6）电流零点校正在-500 ~ 500 连续可调。

六、实验步骤

（1）按照实验要求，连接硬件电路。检查无误后，给系统驱动部分供电。

（2）运行程序。调用上位机调速系统软件，选择“采用磁场定向控制（FOC）的感应电机变频调速系统的研究”。此时默认的速度给定值为 20 Hz，其他数值输入默认值如上位机界面所示。

（3）电流校零。观察上位机界面上的电流显示窗口电流三相电流是否为零，若不为零，通过调节上位机上的校正输入窗口的采样校正值 i_{UR} 和 i_{VR} 校零。

（4）用手旋转电动机转子，可在上位机转速显示图中观测到小幅曲线，转速指示转盘观察到指针摆动，证明上位机通信正常。

（5）缓慢旋转变压器给异步电机上电，观察交流侧电压表达到 220 V 时停止上电。观察电机和上位机是否工作正常。

（6）测取不同速度下的机械特性。在不同的速度下（120 r/min、600 r/min、1 200 r/min、1 420 r/min），通过调整上位机界面上的速度给定将电机加速到给定转速，待速度稳定后开始增加测功机的负载（在使用测功机加载前必须对测功机进行调零操作）。可以分别选取 0.2 N · m，0.3 N · m，0.4 N · m，0.5 N · m，0.6 N · m，0.67 N · m 这几个负载值，观察并记录不同负载下的转速值。观察加载过程中上位机上的定子磁通变化情况。

（7）测取起动特性。在不同的速度下（120 r/min、600 r/min、1 200 r/min、1 420 r/min），电机稳态运行时点击上位机界面上的电机运行绿色按钮，按钮变成红色，电机开始制动，观察并记录电机制动过程中电机转速和定子电流数据。待电机停转后点击上位机上的电机运行红色按钮，此时电机起动，观察并记录电机起动过程中的电机转速和定子电流数据。可以选取不同的速度和不同的负载情况重复进行上述实验，记录实验数据。

（8）测试突加减负载特性。在不同的速度下（120 r/min、600 r/min、1 200 r/min、1 420 r/min），在电机稳态运行时突加测功机负载，观测记录突加负载后的定子电流和电机转速变化情况。等待加载过程稳定后，突减测功机负载，观测记录突减负载后的定子电流和电机转速变化情况。

（9）研究速度调节器参数（P、I）改变对系统稳态与动态性能的影响。在不同的速度下（120 r/min、600 r/min、1 200 r/min、1 420 r/min），在电机稳态运行时，在上位机上调节速度调节器的 PI 值。速度调节器的 PI 默认值是经过实验比较的，所以一般采取在 PI 默认值上下调节的方式观测速度调节器 PI 值对系统稳态特性的影响。设置不同的速度调节器 PI 值，在不同的 PI 值下对电机进行加减速，起动制动实验，观测 PI 值改变对电机动态特性的影响。

（10）研究电流调节器参数（P、I）改变对系统稳态与动态性能的影响。实验方式同（9）。

（11）研究转子回路时间常数（$T_r=L_r/R_r$）改变对系统稳态与动态性能的影响。选取低速区进行此项实验。在 60 r/min、120 r/min 速度下，在电机稳态运行时通过调节上位机上的 T_r 值输入窗口内的 T_r 值观测其改变对系统稳态特性的影响。T_r 的默认值为 700，是经过实验检验而得较为准确的电机参数。实验中可以在 700 上下调节 T_r 值，观测 T_r 值偏大、偏小对电机稳态性能的影响。同时在不同的 T_r 值下观测电机在低速（30 ~ 600 r/min）时的电机加减速和制动起动情况，记录 T_r 值对系统动态性能的影响。

（12）在完成所有实验项目后，先给异步电机下电，再停止程序运行，最后关掉上位机。

实验五　感应电机直接转矩控制变频调速实验

一、实验目的

（1）学习异步电动机直接转矩控制系统的工作原理。
（2）了解基于 DSP 实现的异步电动机直接转矩控制系统的基本原理。
（3）熟悉 PI 调节对控制系统的影响，了解 PI 调节的基本规律和方法。

二、实验内容

（1）测取系统的稳态机械特性曲线 $n\text{-}f(M)$，观察定子磁通轨迹。
（2）观测并记录起动时电机定子电流和电机速度波形 $i_v=f(t)$和 $n=f(t)$。
（3）观测并记录突加与突减负载时的定子电流和电机速度波形 $i_v=f(t)$和 $n=f(t)$。
（4）研究速度调节器参数 P、I 改变对系统稳态与动态性能的影响。
（5）研究转矩与磁通调节器滞环宽度改变对系统稳态与动态性能的影响。
（6）研究定子电阻变化对系统稳态与动态性能的影响。

三、实验原理

在电动机调速系统中，控制和调节电动机转速的关键是如何有效地控制和调节电动机的转矩。直接转矩控制无需与直流电机对比转换，它是在定子坐标系下分析交流电动机的数学模型，以定子磁链矢量为基准，保持磁链幅值恒定，直接控制电机转矩。

异步电动机电磁转矩可以表示为

$$T_e = n_p \frac{L_m}{L_r L_s'} |\overline{\psi}_s||\overline{\psi}_r| \sin\delta_{sr}$$

式中，T_e 是电磁转矩，n_p 是电机极对数，L_m 是互感，L_r 是转子电感，L_s' 是定子瞬时电感，$\overline{\psi}_s$、$\overline{\psi}_r$ 是定转子磁链矢量，δ_{sr} 是定转子磁链矢量间的夹角。从中我们可以看出，电磁转矩取决于定子磁链矢量和转子磁链矢量积，换言之，决定于两者的幅值的乘积及它们之间的空间电角度。

如果对转矩进行求导，我们可以得到

$$\frac{dT_e}{dt} = n_p \frac{L_m}{L_r L_s'} |\overline{\psi}_s||\overline{\psi}_r| \cos\delta_{sr}$$

若$|\overline{\psi}_s|$、$|\overline{\psi}_r|$保持恒定，便可以通过控制定转子磁链间夹角控制转矩，而且稳态情况下，δ_{sr}值较小，对电磁转矩的调节和控制作用是明显的。

另外，定转子磁链矢量有如下关系：

$$T_r \frac{d\overline{\psi}_r}{dt} + \left(\frac{1}{\sigma} - T_r j\omega_r\right)\overline{\psi}_r = \frac{L_m}{L_s'}\overline{\psi}_s$$

上式表明在定子磁链矢量作用下，转子磁链矢量的动态响应具有一阶滞后特性。

根据以上分析，在动态系统中，可以假设这样一种控制方式：设定系统控制的响应时间远小于电机转子时间常数，使得在短暂的过程中，可以认为转子磁链矢量是不变的，进而如果同时保持定子磁链矢量的幅值不变，那么通过改变定转子磁链矢量之间的夹角 δ_{sr}，就可以实现电磁转矩迅速改变和控制。这便是直接转矩控制的基本思想。

直接转矩变频调速实验系统原理如图 9-20 所示。

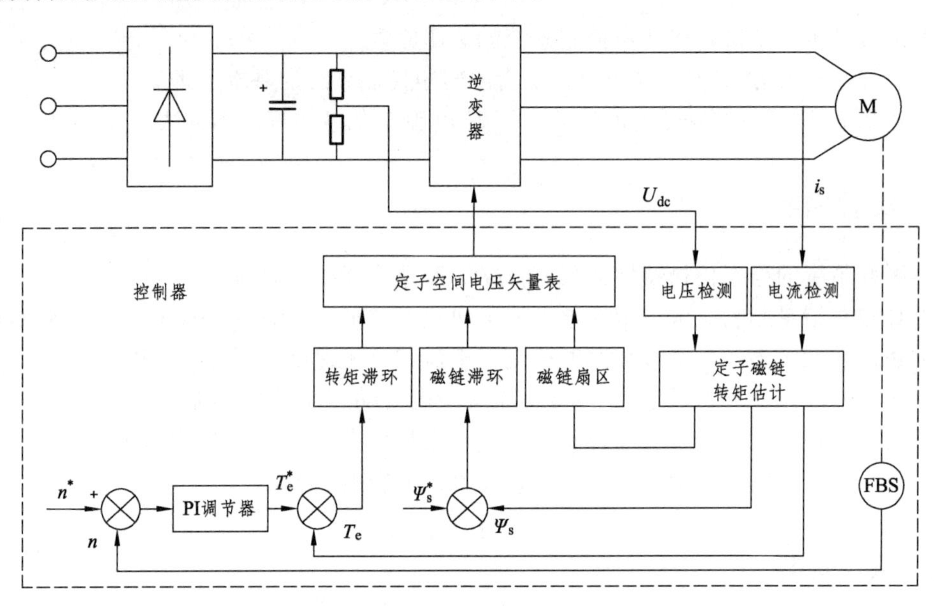

图 9-20　直接转矩变频调速实验系统原理

一般情况下具体控制的实现方式是将定子磁链的近似圆形轨迹划分为六个扇区进行控制。系统根据转速调节器输出电磁转矩指令与异步电动机的转矩观测值相比较得到转矩误差，通过三点式转矩调节器的输出确定转矩的调节方向；同时根据定子磁链观测值相位角判断定子磁链所在的扇区，通过磁链调节器的输出与转矩调节方向进行组合选择合适的定子电压空间矢量。这样就可确定主电路逆变器的开关状态，控制电机电磁转矩跟踪给定，实现异步电动机的转速控制。

由上述原理可知，直接转矩控制器主要由以下六部分组成。

1. 定子磁链、转矩估计

在直接转矩控制中，磁链观测的准确性是获得良好调速性能的关键。所以，对定子磁链的观测是直接转矩控制中的重要环节。定子磁链观测常用模型有 *u-i*、*i-n*、*u-n* 三种模型。

u-i 模型建立在电压方程的基础上，观测器中只需要定子电阻参数。其缺点是在电机转速低于额定转速的 30%时，$u-R_s i$ 作为积分项不大，从而容易引起误差，误差主要由定子电阻影响。

i-n 模型不受定子电阻变化的影响，但是受转子电阻、漏感、主电感变化的影响。另外，该模型还要求精确测量转子角速度，所以适合于转速低于 30%额定转速时使用。

u-n 模型结合了前两种模型的优点，但是观测器实现起来比较复杂。

根据现有系统可采集的信号量及降低系统复杂程度考虑，采用 *u-i* 模型进行定子磁链估计。模型如下式表示，其他两种模型请查阅其他相关资料。

$$
\begin{cases}
\psi_{s\alpha} = \int (u_{s\alpha} - R_s i_{s\alpha}) \mathrm{d}t \\
\psi_{s\beta} = \int (u_{s\beta} - R_s i_{s\beta}) \mathrm{d}t
\end{cases}
$$

根据电动机理论，异步电动机电磁转矩由定转子磁势矢量及其合成磁势矢量间的相互作用而产生。于是有

$$T_e = K_m \psi_s i_s \sin \angle(\psi_s, i_s)$$

在定子两相静止坐标系中，可以使用电磁转矩模型：

$$T_e = K_m (\psi_{s\alpha} i_{s\beta} - s\psi_{s\beta} i_{s\alpha})$$

对电磁转矩进行估计。

2. 转矩 PI 调节器

直接转矩控制系统中，设置转速调节器进行转速闭环控制，以抑制负载等扰动对转速的影响。转速调节器的输出决定了转矩给定的大小，由负载和转速调节的需要调节转矩给定的大小，转矩调节器采用 PI 调节器：

$$T_e^* = K_p \Delta n + K_i \int \Delta n \mathrm{d}t$$

3. 转矩滞环调节器

使用转矩滞环调节器实现对转矩的离散三点式控制。转矩调节器的输入是转矩给定值 T_e^* 与转矩观测值 T_e 的偏差 ΔT_e，转矩调节器的滞环容差为 $\pm\Delta\varepsilon_{T_e}$。当转矩给定值与观测值的偏差大于正容差时，转矩调节器输出“1”，在空间矢量输出中加入相应的电压矢量，是定子磁链空间矢量正向旋转，磁通角 θ 增加，电磁转矩增大；当转矩偏差为正负容差之间时，转矩调节器输出“0”，加入零矢量，使定子磁链空间矢量运动停止，定子磁链空间矢量与转子磁链空间矢量间的磁通角 θ 减小，电磁转矩下降；当转矩给定值与观测值的偏差小于转矩调节器的负容差时，转矩调节器的输出为“-1”，加入相应的电压矢量，使定子磁链反向旋转，磁通角减小或反向，电磁转矩减小或者反向。转矩滞环调节器如图 9-21 所示。

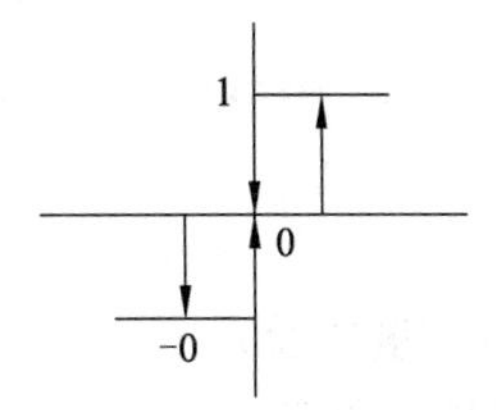

图 9-21　转矩滞环调节器

4. 磁链滞环调节器

磁链调节器的作用在于使定子磁链空间矢量在旋转过程中，其幅值以给定值为基准，在容差限的范围内波动，保持磁通幅值基本恒定。定子磁链调节器采用滞环比较器进行两点式调节，选择与定子磁链空间矢量运动轨迹 60°或 120°的电压空间矢量。滞环比较器容差是$\pm\varepsilon\psi$。当定子磁链调节器的输入偏差大于正容差时，调节器输出为 1，说明定子磁链实际小于给定值，应增大定子磁链幅值；当定子磁链调节器的输入偏差小于负容差时，调节器输出为 0，说明定

子磁链实际值大于给定值，应该减小定子磁链幅值。磁链滞环调节器如图 9-22 所示。

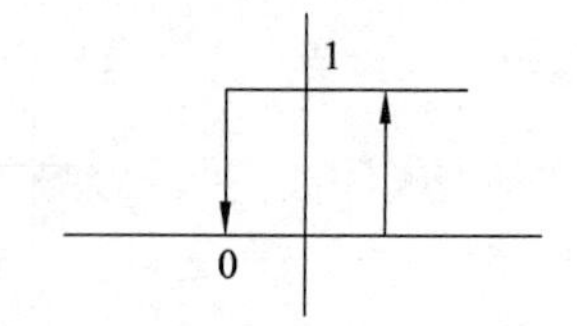

图 9-22　磁链滞环调节器

5. 磁链所在扇区判断

定子磁链与电磁转矩的调节均是针对定子磁链困难空间矢量的状态与运行轨迹，选择相应的电压空间矢量进行离散式调节。根据定子磁链空间矢量在 α-β 轴的投影分量 $\Psi_{s\alpha}$、$\Psi_{s\beta}$ 的大小与定子磁链空间矢量的角度，确定定子磁链空间矢量所在的扇区。首先根据 $\Psi_{s\beta}$ 是否大于 0，判断定子磁链空间矢量是否位于横轴上方的 S（1）、S（2）、S（3）扇区还是位于横轴下方的 S（4）、S（5）、S（6）扇区。如图 9-23 所示。

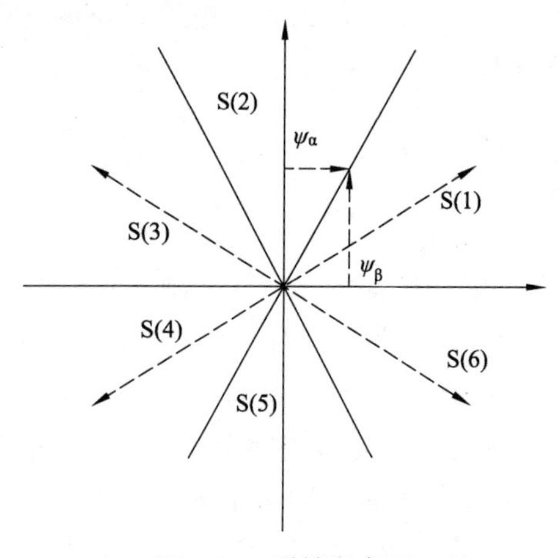

图 9-23　磁链所扇区

若在圆形上侧的扇区，根据定子磁链空间矢量的角度，即 $\frac{\psi_{s\alpha}}{\psi_{s\beta}}$ 与 tan30°间的大小关系即可确定 $\psi_{s\alpha}$ 的符号，也即确定具体所在扇区。定子磁链空间矢量在横轴下方时的扇区判断方法同理。

6. 定子空间电压矢量表

根据转矩调节方向所需要的空间矢量以及定子磁链矢量幅值的大小调节所需要的空间电压矢量，综合得出电压空间矢量选择表（见表 9-1）。

表 9-1　电压空间矢量选择表

Ψ_Q	T_Q	S（1）	S（2）	S（3）	S（4）	S（5）	S（6）
1	1	V_2	V_3	V_4	V_5	V_6	V_1
	0	V_0	V_7	V_0	V_7	V_0	V_7
	−1	V_6	V_1	V_2	V_3	V_4	V_5

续表

Ψ_Q	T_Q	S（1）	S（2）	S（3）	S（4）	S（5）	S（6）
-1	1	V_3	V_4	V_5	V_6	V_1	V_2
	0	V_7	V_0	V_7	V_0	V_7	V_0
	-1	V_5	V_6	V_1	V_2	V_3	V_4

四、DTC 控制系统软件流程图（见图 9-24）

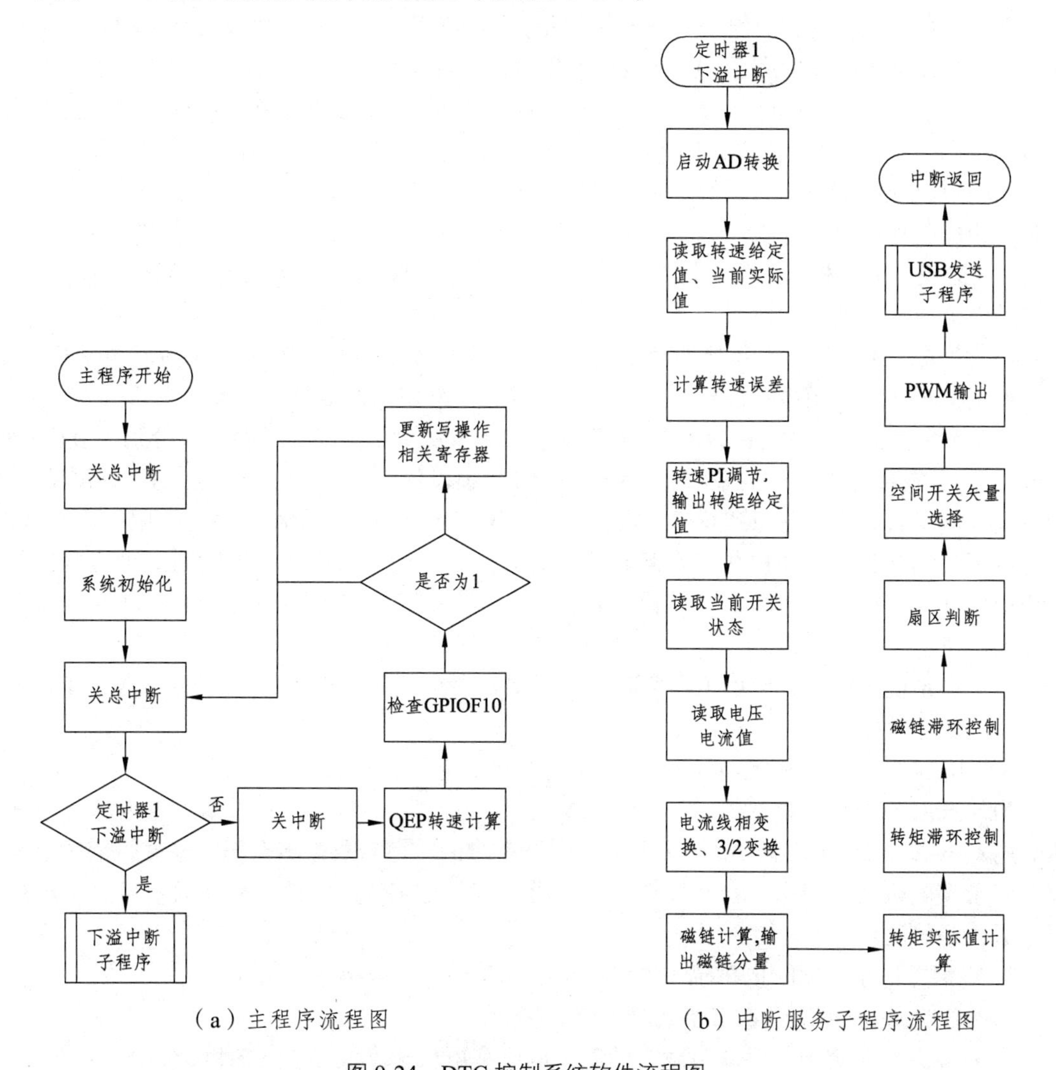

（a）主程序流程图　　（b）中断服务子程序流程图

图 9-24　DTC 控制系统软件流程图

USB 数据发送子程序流程图与开环时相同。

五、实验设备

（1）NMCL-13B 基于 DSP 的单三相逆变及电机控制实验系统。

（2）异步电动机 M04，励磁直流发电机 M03。

（3）直流电机励磁电源、电阻负载等相关挂箱。

（4）万用表、示波器等。

六、实验步骤

（1）按照实验要求，连接硬件电路。检查无误后，给系统驱动部分供电。

（2）运行上位机调速系统软件，观察右下角软件状态指示灯状态，若为红色，请重启软件；若为绿色，选择“感应电机直接转矩控制控制实验”。此时弹出面板为直接转矩控制实验面板。由于 DSP 内程序为运行，USB 接口无数据，故界面中各虚拟示波器波形中为无规则波形。

（3）保持上位机的运行状态，在下位机 DSP 中加载 DTC 控制程序。加载完成后上位机前面板上状态指示灯为绿色，三相电流面板中有三相电流波形。将示波器探针连接至 SPWM 输出引出端口，观测端口是否有脉冲输出，并且两两比较观测面板上 1-2、3-4、5-6，观察其相位是否相反，死区是否存在。

（4）改变“电流校正”输入框中“i_{UR}、i_{VR}”的校正值，使“ABC 三相电流采样值曲线图”中三条电流曲线均值到零值。

（5）完成上述系统初始化检测及校正后，即可进行以下实验。（此时用手旋转电动机转子，可在上位机转速显示图中观测到小幅曲线，转速指示转盘观察到指针摆动）

（6）系统默认异步电动机以 M03 负载发电机为负载，PI 参数 P、I 预设值分别为 0.002 53、0.003 45，若连接测功机作为负载，请修改 PI 参数预设值为 0.004 53、0.002 53。以预设 PI 值为系统上电空载起动。考虑到积分参数较小、系统起始状态下转矩给定值处于限幅饱和状态，转矩滞环控制未作用，故电机将在起始一段时间内处于加速状态，若干时间后可转矩控制开始作用，从转矩控制作用图中可以看到上述过程。（可在开始时适当增加 PI 中的积分参数，加速上述过程）

（7）当系统运行后，考虑不同负载特性不同，在预设值的基础上微调 PI 参数，使系统具有更好的稳态性能。

① 测取系统的稳态机械特性曲线 $n=f(M)$，观察定子磁通轨迹。

均匀选取若干给定频率给定值，如{10、20、30、35、47}等，在每个给定值下逐渐增加负载用发电机 M03 功率输出，记录电机达到稳态时的转速值及输出电压、电流，依次取点读取并记录发电机输出功率，在坐标纸上绘制出系统的稳态机械特性。从前面板可直接观察定子磁通轨迹的波形。

② 观测并记录起动时电机定子电流和电机速度波形 $i_v=f(t)$和 $n=f(t)$；

（轻载或空载时可实现，带重载时不能直接起动！）

③ 观测并记录突加与突减负载时的定子电流和电机速度波形 $i_v=f(t)$和 $n=f(t)$。

选定系统频率给定（建议选取 20～40 区间），为变频器供电至电机运行至稳定状态，使用前面板中“数据保存”功能，快速增加（减小）负载用发电机的负载，观测并记录该过程中转速及定子电流的波形。

④ 研究速度调节器参数 P、I 改变对系统稳态与动态性能的影响。

在稳定状态下改变 PI 参数（变化范围[0.000 01，0.655]），观察 PI 参数对系统稳态性能的影响；修改 PI 参数，观察其对系统过渡过程的影响。

⑤ 研究转矩与磁通调节器滞环宽度改变对系统稳态与动态性能的影响。

上位机中滞环宽度显示为默认值，在控制源程序中修改滞环宽度，观察置换宽度变化后，磁链波形、转速稳定性的变化。

⑥ 研究定子电阻变化对系统稳态与动态性能的影响。

在电机低速运行条件下，不加入“空载磁链低频补偿校正”环节，修改“定子电阻估计值”的大小，观察修改前后，转速的变化情况。

（8）完成上述内容后，首先为电动机卸载，然后将调节调压器输出至最小，电机“返回”返回主面板，退出上位机软件。

（9）关闭所有设备电源，整理实验台，完成实验。

七、注意事项

（1）由于系统为闭环系统，需要采集电流进行电流反馈，所采集电流的准确性将对系统稳态性能造成较大影响。故实验前务必对电流进行较为准确的校正！在重新加载控制程序时，需要重新校正。

（2）由于电机从停止到运行状态过程中，需要有滞环控制无作用的过渡过程，此时电机不可控，短时速度可超过额定转速，故电机不能带重载起动，以防烧坏设备。

参考文献

[1] 杨文焕．电机与拖动基础[M]．西安：西安电子科技大学出版社，2008．

[2] 任小文．电机与拖动基础[M]．成都：西南交通大学出版社，2021．

[3] 牛维扬，李祖明．电机学[M]．北京：中国电力出版社，2005．

[4] 王进野，张纪良．电机拖动控制[M]．天津：天津大学出版社，2012．

[5] 任小文．电工[M]．成都：西南交通大学出版社，2019．

[6] 任小文．常用电工电子测量仪表使用与维护[M]．成都：西南交通大学出版社，2018．

[7] 杜德昌．电工技术与技能[M]．北京：人民邮电出版社，2015．

[8] 祁和义．维修电工实训与技能考核训练教程[M]．北京：机械工业出版社，2008．